缔合型聚合物在孔隙介质中的性质与提高采收率能力

张　鹏　著

U0304780

西南交通大学出版社

·成都·

图书在版编目（ＣＩＰ）数据

缔合型聚合物在孔隙介质中的性质与提高采收率能力 /
张鹏著. —成都：西南交通大学出版社，2018.4
ISBN 978-7-5643-6154-9

Ⅰ. ①缔… Ⅱ. ①张… Ⅲ. ①丙烯共聚物 – 应用 – 提
高采收率 – 研究 Ⅳ. ①TE357

中国版本图书馆 CIP 数据核字（2018）第 082486 号

缔合型聚合物在孔隙介质中的性质与提高采收率能力

张 鹏 著

责 任 编 辑	牛　君
助 理 编 辑	黄冠宇
封 面 设 计	何东琳设计工作室
	西南交通大学出版社
出 版 发 行	（四川省成都市二环路北一段 111 号
	西南交通大学创新大厦 21 楼）
发 行 部 电 话	028-87600564　028-87600533
邮 政 编 码	610031
网　　　址	http://www.xnjdcbs.com
印　　　刷	四川煤田地质制图印刷厂
成 品 尺 寸	170 mm × 230 mm
印　　　张	7.25
字　　　数	150 千
版　　　次	2018 年 4 月第 1 版
印　　　次	2018 年 4 月第 1 次
书　　　号	ISBN 978-7-5643-6154-9
定　　　价	39.00 元

前　言

疏水缔合聚丙烯酰胺（Hydrophobically Associating Polyacrylamide，简称 HAPAM），是指在水溶性聚丙烯酰胺主链上引入少量疏水基团的聚合物，当聚合物浓度达到临界缔合浓度（$C*$）时，疏水基团之间的分子间缔合占主导作用，形成动态物理交联网络结构，其流体力学体积增加，黏度急剧增大，还表现出一定的耐温、抗盐、抗剪切等性质。因此，HAPAM 在高温高盐油田中的应用已成为驱油聚合物研究的热点。目前，不少科研工作者在这一领域已经开展了大量的研究，并已取得一定的进展。但是疏水缔合聚丙烯酰胺在孔隙介质中的性质以及这些性质与提高采收率的关系研究，相关的论著较少。本书遵循提出问题、理论综述、实验设计和数据分析这一脉络，对此进行研究。具体分述如下。

第 1 章：综述了缔合型聚合物的合成，以及影响缔合型聚合物驱油能力的几种因素。这些因素主要包括渗流特性因素、黏弹性因素、界面黏度、水质等。笔者认为疏水缔合型聚丙烯酰胺作为一种改良型的聚合物驱油剂，有其独特的结构特点，宏观条件下有更强的增黏能力，还有一定的耐温、抗盐、抗剪切等优异性质。然而，在室内模拟和实际应用中，还存在一系列的问题，导致提高采收率能力并不理想。

第 2 章：采取胶束聚合的方法，设计合成了一种结构新颖的缔合型聚合物 PATT，此种聚合物使用三苯基 1-戊烯为疏水单体，甲基丙烯酰氧乙基三甲基氯化铵为阳离子单体，表征了共聚物的结构。制备出多种疏水基团和阳离子基团含量不同的聚合物，研究了其增黏性能。

第 3 章：笔者介绍了不同类型聚合物的溶液性质，研究对象包括实验室制备的 PATT 在内的七种聚合物。研究了聚合物浓度、矿化度对、温度、表面活性剂、含油量、悬浮物对不同类型聚合物溶液表观黏度的影响，研究了不同类型聚合物的黏弹性。

第 4 章：介绍了普通部分水解型聚合物和缔合型聚合物在多孔介质中的渗流性质，包括阻力系数、残余阻力系数、有效黏度和动态滞留量。研究了渗透率和注入速度对聚合物溶液有效黏度的影响。在前人的基础上修正了有效黏度的计算公式。采用单分子力谱仪实际测定与 Materials Studio 软件模拟相结合的方法，揭示了缔合型聚合物滞留量较高，有效黏度低于普通聚合物的原因。

第 5 章：介绍了普通部分水解型聚合物和缔合型聚合物提高采收率的能力。考察了聚合物溶液有效黏度和提高采收率能力的关系。研究了缔合型聚合物的浓度和提高采收率能力的关系，提出将缔合型聚合物用于驱油的适用条件。

第 6 章：分别在溶液和孔隙介质中，使用扫描电镜观察了普通部分水解型聚合物和缔合型聚合物的微观形貌，揭示两类聚合物分别在溶液和孔隙介质中性质有所差异的原因。

第 7 章：对全书进行总结，提炼出全书的主要结论。

本书的主要研究结果为：

指出要进一步提高 HAPAM 的驱油能力，扩大其应用范围，应在提高有效黏度、降低残余阻力系数、提高其溶液弹性等方面进行进一步的探索。设计合成了一种结构新颖的带有刚性的芳香族疏水基团及阳离子基团的缔合型聚合物，该聚合物以三苯基 1-戊烯为疏水单体、以甲基丙烯酰氧乙基三甲基氯化铵为阳离子单体，当浓度超过临界缔合浓度以后，其分子链间可以形成疏水微区。考虑聚合物溶液的幂律流体性质及在多孔介质中的滞留损失，修正了孔隙介质中聚合物溶液有效黏度的计算方法，该方法的计算结果更加真实地反映了聚合物溶液在孔隙介质中运移的有效黏度。采用单分子力谱仪测定与 Materials Studio 软件模拟相结合的方法，揭示了缔合型聚合物滞留量高的原因。普通聚丙烯酰胺在二氧化硅表面的力曲线反映出两种吸附构型，吸附力在 79.5 pN 左右。缔合型聚丙烯酰胺在二氧化硅表面的力曲线反映出三种吸附形态，吸附力在 200~272 pN。缔合型聚合物的吸附能绝对值（477 eV）大于普通聚合物（420 eV），缔合型聚合物在二氧化硅表面的吸附更容易发生。在孔隙介质中，当聚合物运移到岩心的中间部位时，普通聚合物比疏水缔合聚合物形成的网络结构要完善。一方面，缔合聚合物较大的滞留损失造成了可运移聚合物溶液浓度的降低；另一方面，狭小的空间环境对缔合结构的形成可能存在阻碍作用。这也是疏水缔合聚合物在孔隙介质中的有效黏度低于普通聚合物的原因。

本书的部分内容已经获得授权发明专利或以期刊论文的形式刊出，希望通过上述研究工作，为疏水缔合型聚丙烯酰胺在提高采收率方面的研究提供理论依据和方法借鉴。本书的研究得到中国石油大学（华东）王业飞教授的指导，得到中国石油大学（华东）、重庆科技学院、重庆市油气田化学工程技术研究中心的支持，得到国家自然科学基金（51504050，51774062）、重庆市教委科学技术研究项目（KJ1601305）、重庆科技学院校内科研基金（CK2016B07，CK2016Z20）的资助，在此，深表感谢。

因作者水平有限，书中难免存在疏漏之处，敬请读者批评指正。

作 者

2018 年 3 月

目　录

第1章 绪 论

在我国的大庆、胜利、辽河等油田中，部分水解聚丙烯酰胺（HPAM）是聚合物驱油技术中使用最多的聚合物，虽然驱油效果好，性价比高，但是HPAM在实际应用中也有一些不足：① 耐温性差，当温度超过70 ℃时，酰胺基（—CONH$_2$）易水解，当水解度超过一定值（30%左右）时，聚合物溶液黏度呈现出下降的趋势；② 耐盐性差，因为羧基对盐非常敏感，尤其是遇到高价离子时易发生沉淀，在含 Ca^{2+}、Mg^{2+}、Al^{3+}等离子浓度高的地层中常发生相分离；③ 相对分子质量高的聚合物容易产生剪切作用发生机械降解。由于 HPAM 具有对盐、温度及剪切作用敏感的线性柔性链结构，所以 HPAM 特定的分子结构决定了它适用于中低温、低盐油藏。丙烯酰胺均聚物在使用性能上的局限性，使得丙烯酰胺多元共聚物有了很大的发展。

疏水缔合聚丙烯酰胺（Hydrophobically Associating Polyacrylamide，HAPAM），是指在水溶性聚丙烯酰胺主链上引入少量疏水基团的聚合物[1]，当聚合物浓度达到临界缔合浓度（C*）时，疏水基团之间的分子间缔合占主导作用，形成动态物理交联网络结构，流体力学体积增加，黏度急剧增大，表现出一定的耐温、抗盐、抗剪切等性质。因此，HAPAM 在高温高盐油田中的应用已成为驱油聚合物研究的热点[2-3]。目前，在这一领域已经开展了大量的研究，并已取得一定的进展[4]。

然而，室内实验发现 HAPAM 溶液虽然在宏观上有很高的表观黏度，但是其提高驱油效率的能力并不十分显著[5]。例如，在 1 800 mg·L^{-1} 的质量浓度下，疏水缔合聚合物 AP-P4 溶液的黏度是部分水解聚丙烯酰胺（HPAM）MO4000 的 3.5 倍，但是前者的采收率提高程度仅比后者高 4%[6]。

通过笔者的研究，我们合成了一种带有刚性的芳香族疏水基团的缔合型聚合物，研究了不同类型聚合物的溶液性质，以及孔隙介质中的渗流性质，探讨了有效黏度与驱油效率的关系，提出将缔合型聚合物用于驱油的使用条件，揭示了 HPAM 和 HAPAM 分别在宏观条件下和孔隙介质中不同的增黏机理。

1.1　缔合型聚合物的合成

油田化学中提到的缔合型聚合物，通常情况下就是指的疏水缔合型聚丙烯酰胺。本书在未加说明的情况下，缔合型聚合物即为疏水缔合型聚丙烯酰胺。

缔合型聚合物的合成方法主要有溶液共聚法和胶束共聚法。溶液共聚法需要寻找能够同时溶解丙烯酰胺和疏水单体的有机溶剂，这类溶剂常用的有二氧六环和二甲基甲酰胺（DMF）。虽然这类有机溶剂能够溶解单体，但是通常不能溶解反应生成的共聚物。共聚物一般在分子量很低的情况下就会沉淀出来[7]，因此溶液共聚法适合于制备分子量较低的缔合型聚合物。

胶束共聚法是合成缔合型聚合物最常用的方法，将表面活性剂溶于水中形成胶束，再将不溶于水的疏水单体增溶于胶束中，另外在水中溶解水溶性的丙烯酰胺单体，在一定温度下使用水溶性引发剂引发聚合反应。聚合物分子链自由基能够引发水中丙烯酰胺单体的聚合，当碰到溶解有疏水单体的胶束时，也能引发疏水单体的聚合。这样就可以制备出含有疏水微嵌段的水溶性聚合物。Francoise Candau[8]曾系统的综述了使用胶束共聚法合成缔合型聚合物所使用的疏水单体、亲水单体、表面活性剂、引发剂等。

近年来，疏水单体类型的研究热点主要集中在具有表面活性的单体（surface-active monomer）、氟碳型单体以及栾尾型单体，芳香型疏水单体也逐渐引起研究者的兴趣[9]。与脂肪链相比，苯环的平面结构赋予其更强烈的范德华力的相互作用，另外，苯环的引入还可以提高分子链的刚性[9]，增强聚合物的稳定性。因此，笔者设计合成了一种带有刚性的芳香族疏水基团及阳离子基团的缔合型聚合物，研究了疏水基团的含量对其溶液性质的影响，还考察了这种聚合物的抗温耐盐性。

1.2 影响缔合型聚合物驱油能力的几种因素

1.2.1 渗流特性因素

当前人们普遍认为，聚合物驱油的主要机理是降低水相流度，改善水油流度比，进而提高驱油剂的波及系数，达到提高采收率的目的。水相流度的降低通常有两个途径：增加水相黏度和降低水相渗透率。这里的水相黏度并非表观黏度，而是聚合物溶液在多孔介质中运移的实际有效黏度，这个黏度不但包含了聚合物溶液在多孔介质中的黏性因素，还包括了弹性作用，消除了其他难以准确测定的参数的干扰。因此，聚合物的实际有效渗流黏度更加真实地反映了聚合物在多孔介质中流动时的黏度，对于矿场方案的设计和实施更有参考价值[10]。

1.2.1.1 有效黏度的测定方法

聚合物溶液在多孔介质中运移的实际有效渗流黏度由达西定律计算得出，也称有效黏度 μ_{ef}[11]。

$$\mu_{ef} = \frac{K_p \Delta P}{v_D L} \tag{1-1}$$

式中　ΔP——聚合物溶液驱替压差；

　　　L——填砂管长度；

　　　v_D——聚合物溶液的渗流速度；

　　　K_p——聚合物溶液通过岩心时的实际渗透率，它等于聚合物溶液
　　　　　　通过后水冲洗渗透率 K_f[11]。

有效黏度的高低不仅取决于聚合物浓度的大小，还与聚合物结构和多孔介质性质有关。聚合物在岩石孔隙结构中的滞留能够降低水的有效渗透率，降低的程度可用残余阻力系数（F_{RR}）来评价。

$$F_{RR} = \frac{K_w}{K_f} \qquad\qquad (1\text{-}2)$$

式中　K_w——水测渗透率；

　　　　K_f——聚合物溶液通过后水冲洗渗透率。

聚合物降低水相流度的能力通常用阻力系数（F_R）来评价。

$$F_R = \frac{K_w / \mu_w}{K_p / \mu_p} \qquad\qquad (1\text{-}3)$$

式中　μ_w——水的黏度，在一定温度下为常数。

式中，μ_p 即为 μ_{ef}，K_p 以 K_f 代替，将式（1-2）代入式（1-3）得：

$$F_R = \frac{K_w / \mu_w}{K_p / \mu_p} = \frac{K_w / \mu_w}{K_f / \mu_{ef}} = \frac{K_w \mu_{ef}}{K_f \mu_w} = F_{RR} \frac{\mu_{ef}}{\mu_w} \qquad\qquad (1\text{-}4)$$

即：

$$\mu_{ef} = \frac{F_R}{F_{RR}} \mu_w \qquad\qquad (1\text{-}5)$$

因此，可由式（1-5）计算有效黏度 μ_{ef}，阻力系数还可通过下式计算

$$F_R = \frac{Q_w \Delta P_p}{Q_p \Delta P_w} \qquad\qquad (1\text{-}6)$$

式中　Q_w——水通过填砂管的流量；

　　　　Q_p——聚合物通过填砂管的流量；

　　　　ΔP_p——聚合物通过一定长度填砂管的压力降；

　　　　ΔP_w——水通过一定长度填砂管的压力降。

在流速相同的情况下，式（1-6）可写作

$$F_R = \frac{\Delta P_p}{\Delta P_w} \qquad\qquad (1\text{-}7)$$

测定阻力系数、残余阻力系数、有效黏度的实验流程通常如图 1-1 所示[12-14]。先用地层水驱替填砂管，获得驱替速度和沿程压力降，根据达西公式计算水测渗透率 K_w。然后，用不同浓度的聚合物进行驱替实验，在相同驱替速度下获得填砂管的沿程压力降，根据式（1-7）求得阻力系数 F_R。最后恢复地层水驱替，在相同驱替速度下获得填砂管的沿程压力降，根据达西公式计算得到 K_f。通过式（1-2）计算得到残余阻力系数 F_{RR}，最后通过式（1-5）计算聚合物溶液通过多孔介质的有效黏度 μ_{ef}。

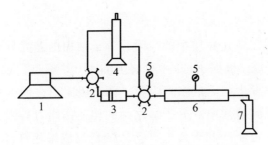

图 1-1　测定有效黏度的试验流程图

1—平流泵；2—六通阀；3—中间容器 A；4—中间容器 B；
5—精密压力表；6—填砂管；7—量筒

1.2.1.2　聚合物溶液的渗流特性

众所周知，由于 HAPAM 的结构特性，当聚合物浓度大于 $C*$时，其宏观条件下的表观黏度远远大于 HPAM。但是一些研究者的实验结果表明：在多孔介质中，HAPAM 能够建立较高的阻力系数和残余阻力系数，但是其有效黏度却低于 HPAM。张超[13]、张继风[15]、欧阳坚[16]等人的实验结果见表 1-1，从表中数据可以看出，HAPAM 溶液在高渗透层中建立流动阻力的能力均高于 HPAM，而前者的有效黏度[按式（1-5）计算所得]要低于后者或与后者相近。

表 1-1　聚合物溶液在多孔介质中的流动参数[13, 15-16]

聚合物类型	分子量/$\times 10^6$	浓度/（mg/L）	渗透率/μm^2	阻力系数		残余阻力系数		有效黏度/mPa·s	
				前段	后段	前段	后段	前段	后段
HAPAM	11.7	1 800	3.56	32.30	27.41	4.54	5.36	7.12	5.11
HPAM	24	1 800	3.10	11.63	16.02	1.09	1.04	10.67	15.40
HAPAM	—	1 500	1.48	154.21	180.33	32.27	132.44	4.78	1.36
ASG（HPAM）	20	1 500	1.08	54.47	25.44	11.35	14.38	4.80	1.77
TS-45（HAPAM）	—	1 000	1.038（气测）	38.6		9.6		4.02	
HPAM	28	1 000		25.4		5.7		4.46	

较之 HPAM，HAPAM 之所以能够建立较高流动阻力主要有以下几点

原因：

（1）聚合物在多孔介质中的吸附，分子结构的差异导致二者在吸附层的形态大相径庭。根据 Jenckel 和 Rumbach[17-18]模型，部分水解聚丙烯酰胺在界面主要发生一点或多点吸附，两个吸附点之间的链段构成环，环和链首尾伸展到溶液中。分子链之间的相互作用力有限，主要发生单层吸附。这与刘光全[19]和李富生[20]等人的研究成果相符合，他们均发现 HPAM 在黏土表面的吸附等温线属于 langmuir 型。而对于疏水缔合聚丙烯酰胺，Audibert 等[21-22]认为随着聚合物浓度的增大而产生多层吸附，第二层以上各层之间通过疏水基团之间的缔合作用相互连接，从而间接地吸附在黏土表面（图 1-2），使吸附量剧增。郭拥军[23]、傅鹏[24]也分别绘制了疏水缔合聚丙烯酰胺在高岭土、蒙脱土/水界面的吸附等温线，如图 1-3 所示，其证实了 HAPAM 多层吸附的特性。朱怀江[25]等人得出结论：HAPAM 在岩石矿物表面的吸附量约为部分水解聚丙烯酰胺的 1.7 倍。

（2）聚合物在多孔介质中的捕集。朱怀江[26]等曾系统的研究了聚合物分子尺寸与油藏孔喉的配伍性关系，认为根据"架桥"原理，可对孔喉形成稳定堵塞的聚合物分子水动力学半径（R_h）与孔喉半径（R）的关系为：$R_h > 0.46R$。对于适合聚合物驱的油藏，聚合物中 R_h 大于 10^3 nm 数量级的分子易造成孔喉半径较小的部分多孔介质堵塞。朱怀江[26]等还使用动态光散射技术研究了部分水解聚丙烯酰胺与梳型聚丙烯酰胺（KYPAM2）溶液分子的水动力学半径，$f(R_h)$为归一化权重分布函数，当 $f(R_h) > 0.1$，则该聚合物分子对溶液性质开始具有影响力，若 $f(R_h) > 0.667$，

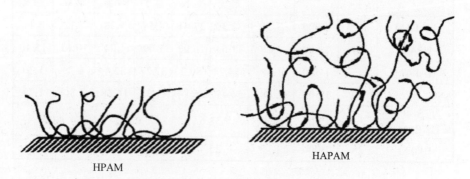

图 1-2　HPAM 和 HAPAM 在固液界面的吸附示意图[17]

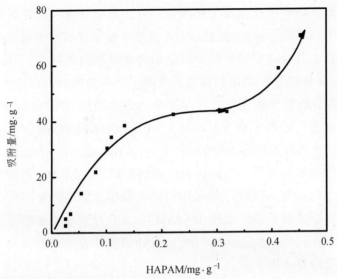

图 1-3 HAPAM 在高岭土/水界面的吸附等温线[23]

该聚合物分子为密集分布。从 R_h 分布图（图 1-4）可以看出，KYPAM2 溶液中 R_h 大于 10^3 nm 的聚合物分子比例要多于 HPAM，因此更易造成孔喉的堵塞。由于 KYPAM2 链段中含有 $C_1 \sim C_{12}$ 的烷基或烷基醚（酯），因此我们认为，KYPAM2 也属于疏水缔合聚合物的范畴。

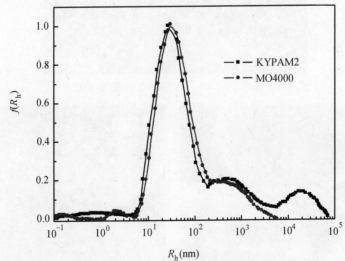

图 1-4 不同类型聚合物溶液的水动力学半径分布[26]（0.1%+0.5%NaCl+0.005%CaCl₂）

（3）聚合物在多孔介质中的缔合。许多研究认为：在宏观条件下，当浓度高于临界缔合浓度时，HAPAM 溶液中由于疏水基团的相互作用而在分子间产生具有一定强度但又可逆的物理交联网络结构，形成较高的结构黏度，朱怀江等[27]使用扫描电镜获取了非常清晰的网络结构照片（图1-5）。那么，在狭小的多孔介质空间中，聚合物能否形成缔合结构呢？针对这一问题，施雷庭等[28]人研究了 AP-P3（HAPAM）在多孔介质中的渗流特性，发现在浓度为 1 000 mg · L^{-1} ~ 1 100 mg · L^{-1} 的范围内出现阻力系数突然增加的现象，因此认为在多孔介质中，AP-P3 仍能发生分子间缔合为主的行为。张超[13]等还用扫描电镜考察了不同类型聚合物驱替后在多孔介质中的形态，发现 HAPAM 在多孔介质中主要以分子间缔合形成的聚集体封堵高渗透孔喉，而 HPAM 只存在光滑的附着层，在小孔道处有部分滞留（图 1-6）。

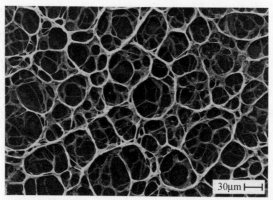

图 1-5　浓度为 1 g/L KYPAM2 溶液微观结构[27]

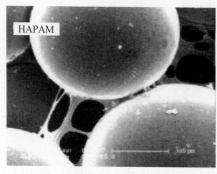

图 1-6　不同聚合物在多孔介质中的微观形态[13]

综上所述，由于结构特性，HAPAM 更容易在多孔介质中发生吸附、捕集滞留。同时，HAPAM 还能在狭小的空间中形成分子间缔合为主的缔合结构，因此，疏水缔合聚合物在多孔介质中能够建立较高的阻力系数和残余阻力系数。但是聚合物的滞留和缔合一方面能造成流动阻力的增加，另一方面也会造成聚合物的损失，造成有效黏度的降低。然而，从 Dong M 等[29]的实验结论（图 1-7）可以看出，在一定条件下，有效黏度对采收率的提高起着至关重要的作用。罗平亚院士[12]也指出：人们惯于使用阻力系数描述降低水相流度的总效应，从某种意义上来说，这表现出一种宏观结果。但是为了保持驱替液的有效性和持久性，应增大有效黏度，降低残余阻力系数。罗平亚等还认为：渗透率降低程度越高，表明聚合物分子的吸附滞留损失越大，孔隙介质中可运移的聚合物溶液的浓度将越低，黏度也将越低，这将引起波及范围的减小，还会带来注入困难的技术性问题。

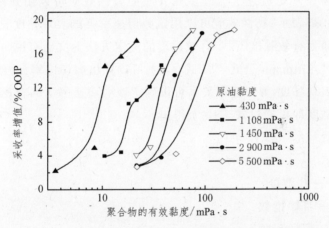

图 1-7　聚合物的有效黏度与采收率增值的关系[29]

1.2.2　黏弹性因素

长期以来，在石油工程领域内普遍认为聚合物能够提高采收率的机理是改善水油流度比，提高宏观波及系数[30]。近年来，已有不少从聚合物驱的弹性出发，研究聚合物的黏弹性能够提高微观驱油效率的报道[31-35]。

王德民院士认为，弹性作用赋予驱替液较强的平行于水油界面驱动残余油的拖动力，因为对于具有弹性的溶液，其后续流体对前缘的流体不仅有推动作用，而且前缘的流体对其边部及后续流体有拉拽作用，弹性越大，这种拉拽作用越强[36-37]。因此，应尽可能提高聚合物驱替液的弹性。

1.2.2.1 聚合物黏弹性的测定方法

表征聚合物黏弹性的两种最常用的试验方法是振荡剪切流动（小振幅震荡实验）和稳态剪切流动。震荡剪切流动是对聚合物施加正弦剪切应变，而应力作为动态响应加以测定，主要测定溶液的损耗模量（黏性模量）和储能模量（弹性模量）；稳态剪切流动主要是测定黏度函数和第一法向应力差函数。储能模量和第一法向应力差函数可以定量的表示聚合物弹性的大小[37]。

聚合物在一定流速下流经多孔介质的弹性效应可以用弹性黏度 μ_{st}（拉伸黏度）来表示，黏性效应可以用该剪切速率下的表观黏度 μ_a 来表示，两者之和即为有效黏度[5,31]。有效黏度的测定方法上文已有说明，根据渗流速率通过 Littmann 公式[38]（式 1-8）可以算出剪切速率，再通过聚合物溶液的表观黏度-剪切速率关系可以确定该剪切速率下的表观黏度，相应的弹性黏度即可通过式（1-9）得出。

$$\dot{\gamma} = \frac{3n+1}{4n} \times \frac{2^{1/2} v_D}{(k\phi)^{1/2}} \tag{1-8}$$

式中　ϕ ——孔隙度；

　　　n ——幂律指数；

　　　k ——稠度系数；

　　　v_D ——平均流速。

$$\mu_{st} = \mu_{ef} - \mu_a \tag{1-9}$$

1.2.2.2 聚合物的黏弹性

夏惠芬等[39]和薛新生等[40]分别在纯水中研究了 HPAM 和 T5

（HAPAM）的黏弹性，G'（储能模量）、G''（损耗模量）与角频率的关系见图 1-8，虽然 HPAM 的浓度（900 mg/L）低于 HAPAM（1 000 mg/L），但是其 G'、G'' 均高于 HPAM，只有在较高角频率下 T5 的 G'、G'' 才开始高于 HPAM。夏惠芬等[39]还研究了 HPAM 的分子量对黏弹性的影响，发现分子量越大，G'、G'' 越大，且高分子量 HPAM 的 G' 要高于 G''。薛新生等[40]也研究发现，在 HAPAM 中疏水基团含量一定的情况下，分子量越大，聚合物溶液的弹性也越大。然而，合成 HAPAM 的疏水单体都带有庞大的侧基，使得 HAPAM 的分子量远远低于相同条件下合成的聚丙烯酰胺[41]。因此，在相对较低的浓度下，与 HPAM 相比，HAPAM 溶液的弹性并不占优势。

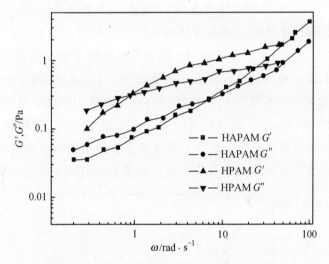

图 1-8 HPAM 和 HAPAM 的黏弹性[39-40]

那么，如果提高 HAPAM 溶液的浓度，其弹性作用是否会增强呢？朱怀江等[5]以 MO-4000 为对比基准，得到聚合物 HAP3（HAPAM）的表观黏度比和储能模量比与溶液浓度的关系，如图 1-9 所示。随着聚合物浓度的增加（在 $C*$ 以上），表观黏度比有所升高（1.2→6.5），而弹性模量比却大幅度降低（48→10）。这表明其缔合作用增加弹性的程度有限，还将 HAPAM 的缔合结构形象的比喻成定位能力和弹性较差的"项链"结构，认为其不能大幅度提高溶液的弹性。

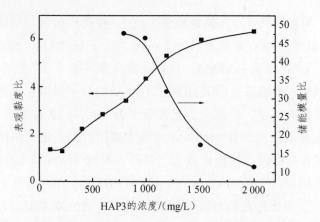

图 1-9　疏水缔合聚合物 HAP3 的表观黏度比和储能模量比与浓度关系
（以 MO-4000 为对比聚合物；30 ℃）[5]

　　朱怀江等[5]还研究了多孔介质中不同类型聚合物的弹性黏度与剪切速率的关系（图 1-10），发现 HAP3 的弹性黏度值变化趋势非常独特，随着剪切速率逐渐增大，弹性黏度却逐渐减小，与 HPAM 的变化趋势完全相反。分析认为：虽然 HAP3 溶液中存在缔合作用形成的聚集体，但是聚集体内的 HAP3 分子依靠较弱的缔合作用相互结合，受拉伸力作用时易被拆散。随着剪切速率的提高，聚集体易被拆散的特点成为控制因素，而拉伸形变成为次要因素，其弹性黏度随着剪切速率的上升而降低。

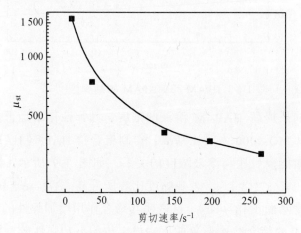

图 1-10　HAP3 在多孔介质中流动时弹性黏度与
剪切速率的关系（1 000 mg/L）[5]

朱怀江等认为，单个 HAPAM 分子链的长度比 HPAM 短得多，因此表现出的弹性黏度也应该低些；虽然缔合作用有助于溶液弹性黏度的增加，但是增幅不会像表观黏度那样明显。因此，HAPAM 溶液提高采收率的能力不会非常显著。

那么，对于宏观波及系数和微观驱油效率两种因素，哪种因素对提高采收率的贡献更大呢？王德民等研究了甘油（无弹性作用）和聚合物（有弹性作用）提高采收率的能力[42]（图 1-11），并撰文证明了聚合物驱主要依靠弹性作用来提高微观驱油效率[32]。同时，从图 1-11 中也可以看出，甘油驱后，聚合物驱提高采收率的程度并不十分显著。Ranjbar[43]等研究了 HPAM 的水解度（H.D.）对弹性模量的影响，还探讨了水解度与提高采收率之间的关系。本文将 Ranjbar 得到的弹性模量与采收率增值关系绘制成图（图 1-12），从图 1-12 也可看出，弹性模量对采收率的影响也不大。兰玉波等[44]从孔隙半径大小、室内与矿场实验的差异性等因素分析了聚合物黏弹性对采收率的影响，认为黏弹性对提高采收率的贡献是有限的，聚合物驱的主要作用在于提高驱替液在中、低渗透层的波及系数。

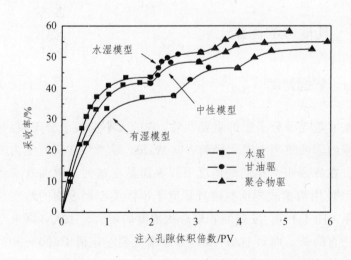

图 1-11　水、甘油和聚合物驱的采收率曲线[42]

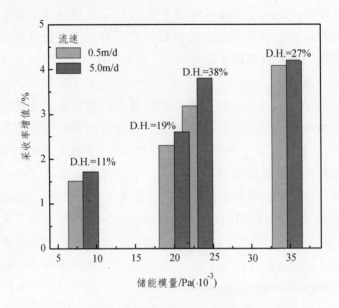

图 1-12　储能模量对聚合物驱的采收率的影响
（D.H.：水解度）[43]

1.2.3　其他影响因素

1.2.3.1　界面黏度

界面黏度是界面分子膜的重要性质，它的大小反映了分子膜的强度，对驱油体系的驱油效率有很大影响[45]。Wasan 等[46-47]在研究室内驱油实验时发现，在界面张力相同的情况下，界面黏度越大，驱油效率越低。叶仲斌等[48]使用沟槽式界面黏度计研究了不同类型聚合物的浓度与界面黏度的关系（图 1-13），发现随着聚合物浓度的增大，HPAM 溶液与油的界面黏度一直降低。而对 HAPAM，浓度增大到一定值（600 mg/L）后，界面黏度却有所回升。通常情况下，聚合物驱油剂的浓度一般要大于600 mg/L，因此，界面黏度的增大对提高采收率的不利因素不可忽略。

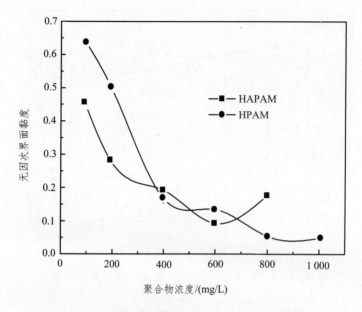

图 1-13　不同类型的聚合物浓度对界面黏度的影响

（矿化度：4 400 mg/L）[48]

1.2.3.2　水质因素

聚合物驱油技术中，聚合物溶液黏度的稳定性一直是影响驱油效果的关键因素[49]，而注入水水质状况直接影响聚合物溶液的黏度[50]。唐恒志等[51]研究了注入水金属离子含量、悬浮物、含油量、水处理剂等因素对疏水缔合聚合物（AP-P4）溶液黏度的影响，发现悬浮物和含油量对黏度影响不大，而二价铁离子和水处理剂中的反向破乳剂对黏度的影响非常大，微量的二价铁离子和反向破乳剂即引起黏度急剧的下降（图 1-14、图 1-15）。朱怀江等[25]发现极低浓度的阳离子表面活性剂也可造成 HAPAM 溶液黏度的极大损失。由于油田水处理会引入微量的上述几种组分，因此这些因素对疏水缔合聚合物溶液黏度的不利影响不可忽略。

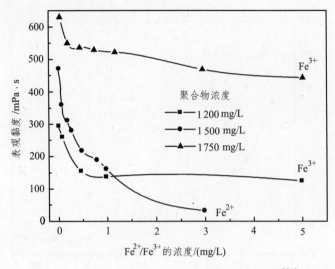

图 1-14　铁离子对 AP-P4 溶液黏度的影响[51]

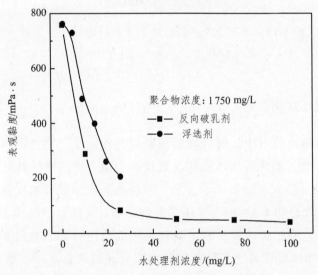

图 1-15　水处理剂对 AP-P4 溶液黏度的影响（聚合物浓度：1 750 mg/L）[51]

1.2.3.3　临界缔合浓度（$C*$）

众所周知，将疏水缔合型聚丙烯酰胺用作驱油剂，其浓度应达到临界缔合浓度以上才能有效地提高采收率。那么在多孔介质中，HAPAM 的临界缔合浓度是否与宏观状态下的 C^* 相一致呢？施雷庭等[28]人分别研究了 AP-P3（HAPAM）在宏观状态下和多孔介质中的缔合行为，发现当 AP-P3 在多孔介质中的浓度超过一定值时，阻力系数会突然增大（图1-16），认为此值即为多孔介质中的 C^*。从图 1-16 中可以看出，AP-P3 在多孔介质中的临界缔合浓度（1 000～1 100 mg/L）明显高于宏观状态下的第二临界缔合浓度（900 mg/L），同时施雷庭等人还发现多孔介质中 HAPAM 溶液发生分子间的缔合的影响因素非常复杂。因此，要将 HAPAM 用作驱油剂，应在满足其临界缔合浓度的基础上投入更多的使用量，才能取得较好的驱油效果。该部分研究成果已经整理成论文在《油田化学》期刊发表[49]。

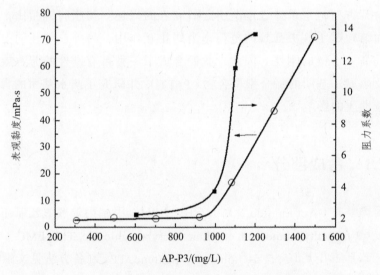

图 1-16　AP-P3 在溶液中及多孔介质中的临界缔合浓度[28]

第 2 章 缔合型 AM/TP/TMAEMC 三元共聚物的合成及性质

疏水缔合型聚合物通常使用胶束共聚法制备。近年来，疏水单体类型的研究热点主要集中在具有表面活性的单体、氟碳型单体以及栾尾型单体，芳香型疏水单体也逐渐引起研究者的兴趣。与脂肪链相比，苯环的平面结构赋予其更强烈的范德华力的相互作用，另外，苯环的引入还可以提高分子链的刚性。因此，我们合成了一种带有刚性的芳香族疏水基团及阳离子基团的缔合型聚合物（PATT），并研究了疏水基团的含量对其溶液性质的影响。

2.1　合成部分

丙烯酰胺（Acrylamide, AM），阳离子单体-甲基丙烯酰氧乙基三甲基氯化铵（2-trimethylammonium ethyl methacrylate chloride, TMAEMC），疏水单体三苯基 1-戊烯（5, 5, 5-triphenyl-1-pentene, TP，制备方法见文献[52]），十二烷基硫酸钠（SDS），过硫酸钾，丙酮，去离子水等。

氮气瓶，250 mL 三口烧瓶，机械搅拌装置等。

使用胶束共聚法合成疏水缔合型聚合物，将溶解有 AM 的去离子水 100 mL 装入三口烧瓶中，通入氮气鼓泡除氧 30 min。再称取一定量的 SDS，TMAEMC，TP 装入烧瓶中，升温至 50 ℃，打开机械搅拌器至混合溶液变得澄清透明。加入引发剂过硫酸钾，持续通入氮气保护反应 10 h。反应过程中总单体的质量百分数控制在 10%。将反应后的粗产物使用丙酮沉淀出来，再溶入水中，再次用丙酮沉淀。剪碎干燥，将产物放入索式抽提器中使用乙醇抽提 24 h 以除去表面活性剂。再将产物放入 40 ℃ 的真空干燥箱中干燥至恒重，放入干燥箱中备用。为了做溶液性质对比，在相同的条件下也合成了丙烯酰胺均聚物。

2.2　结果及分析

2.2.1　AM/TP/TMAEMC 三元共聚物的表征

使用 VarianGemini-500 NMR 型核磁共振仪和 Bruker IFS 66 红外光谱仪表征了共聚物的结构。AM/TP/TMAEMC 三元共聚物（简称 PATT）的红外光谱图见图 2-1，3 000 cm^{-1} 为苯基结构中 C—H 键的伸缩吸收峰，1 593 cm^{-1} 为苯环结构的振动吸收特征峰，1 690 cm^{-1} 为酰胺基团中 C=O 的伸缩振动吸收峰，1 441 cm^{-1} 为—CH$_2$—N$^+$(CH$_3$)$_3$ 基团中亚甲基的特征吸收峰。图 2-2 为共聚物的核磁共振谱图，聚合物中处于不同化学环境处 H 的化学位移分别处于图 a、b、c、d、e、f 处。红外和核磁共振谱图均表明，所合成的共聚物含有上述三种单体成分。

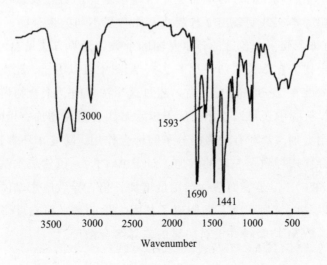

图 2-1　AM/TP/TMAEMC 三元共聚物的红外谱图

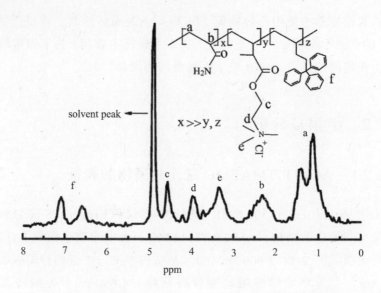

图 2-2　AM/TP/TMAEMC 三元共聚物的核磁共振谱图

2.2.2　聚合物的疏水缔合性质

缔合型聚合物 PATT 的增黏性质与疏水基团的数量及疏水嵌段的长度关系密切。本文共制备出 7 种疏水基团含量不同的聚合物，见表 2-1，其中 N_H 为每个胶束中包含的疏水基团的个数，计算方法见参考文献[53]。这 7 种聚合物的黏浓关系曲线见图 2-3，从图中可以看出，此类聚合物的临界缔合浓度在 2 500 mg/L 左右，超过这个浓度时，聚合物溶液的黏度急剧增大。从图中还可以看出，随着疏水基团含量的增加，相同浓度下，黏度也急剧增加。苯环有较强的分子间缔合作用，随着苯环含量的增加，强烈的缔合作用导致了黏度的增加。对于 PATT-7，虽然疏水基团含量较高（0.5 mol%），但是表面活性剂用量增加一倍，导致疏水基团嵌段长度减小，所以黏度有所下降。而阳离子基团含量的增加对黏度影响不大。相比之下，PAM 均聚物并没有明显的临界缔合浓度。

表 2-1　不同组分的三元共聚物

聚合物样品	TP/mol%	TMAEMC/mol%	SDS（wt）/%	$[\eta]$/mL/g	N_H
PATT-1	0.12	0.2	3.0	443	1.35
PATT-2	0.23	0.2	3.0	405	2.59
PATT-3	0.32	0.2	3.0	345	3.60
PATT-4	0.50	0.2	3.0	283	5.62
PATT-5	0.50	0.3	3.0	223	4.22
PATT-6	0.50	0.4	3.0	184	2.81
PATT-7	0.50	0.2	6.0	205	5.62
PAM	0	0	0	545	—

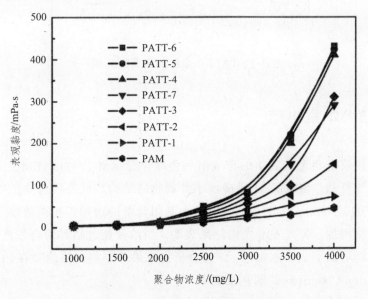

图 2-3　不同聚合物的黏浓关系

　　此外，为了验证浓度超过临界缔合浓度后疏水微区的形成，我们使用芘做探针，研究了 PATT-4 的荧光光谱。图 2-4 为不同浓度下 PATT-4 的荧光发射光谱，I_1（371 nm）与 I_3（384 nm）强度的比值大小反映了芘周围环境的极性，极性环境越大，I_1/I_3 的比值就越大，当有疏水微区存在时，芘可以进入极性很小的疏水微区，I_1/I_3 的比值就会减小。当 PATT-4

的浓度从 1 500 mg/L 增加至 3 500 mg/L 时，I_1/I_3 的比值从 1.80 降至 1.04，结果表明，当浓度高于临界缔合浓度（2 500 mg/L）时，形成了疏水微区。

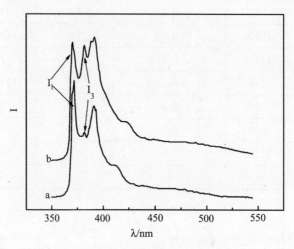

图 2-4　PATT-4 溶液的芘荧光光谱

2.3　本章小结

使用胶束共聚法成功的合成出一种缔合型 AM/TP/TMAEMC 三元共聚物，红外和核磁共振 H 谱确定了共聚物的结构。此类聚合物的临界缔合浓度在 2 500 mg/L 左右。随着疏水基团含量的增加，相同浓度下，黏度也急剧增加。荧光发射光谱结果表明，当浓度超过临界缔合浓度以后，分子链间可以形成疏水微区。该部分研究成果已经整理成论文在《Journal of Solution Chemistry》期刊发表[9]。

第3章　不同类型聚合物的溶液性质

本章主要研究了不同类型聚合物的溶液性质，研究对象包括实验室制备的 PATT 在内的七种聚合物。研究了聚合物浓度、矿化度、温度、表面活性剂、含油量、悬浮物对不同类型聚合物溶液表观黏度的影响，还使用 HAAKE MARSIII 型流变仪研究了不同类型聚合物的黏弹性。

3.1　研究方法

实验材料

1. 普通聚合物 – MO（日本进口），恒聚（北京恒聚）。

2. 疏水缔合聚合物（HAPAM）– 西南 HST245、西南 HNT275、DH3、DH5（以上四种样品胜利油田地科院提供）、PATT（自制）。

以上七种聚合物的基本性质见表 3-1。

表 3-1　七种聚合物的基本性质

聚合物编号	类型	水解度/%	特性黏数/mL/g
MO	HPAM	22.5	2 213
恒聚	HPAM	21.2	2 510
HNT275	HAPAM	23.2	1 451
HST245	HAPAM	26.4	1 261
DH3	HAPAM	18.5	119.8
DH5	HAPAM	25.4	2 045
PATT-2	HAPAM	23.6	405

实验方法

1. 配制总矿化度为 20 000 mg/L，Ca^{2+} 为 500 mg/L 的模拟水。配置方法：1 L 水中溶解 18.613 g 氯化钠，1.387 g 氯化钙。

2. 使用上述模拟水分别溶解不同类型聚合物，得到不同聚合物溶液母液，质量浓度为 2 000 mg/L。HAPAM 的溶解温度约在 45 ℃，溶解时间为 15 h 左右。以此母液熟化稀释后得到不同质量浓度的聚合物溶液。

3. 使用 BROOKFIELD DV-2 黏度计，在 6 r/min 的转速下，使用 0 号或 61 号转子测量不同温度下不同聚合物浓度的黏度。

4. 使用 HAAKE MARSIII 型流变仪在不同的频率下测试聚合物溶液的黏弹性。

3.2　结果及分析

3.2.1　聚合物溶液的表观黏度与影响因素研究

3.2.1.1　聚合物浓度对表观黏度的影响

不同聚合物的表观黏度与浓度的变化关系见图 3-1。从图中可以看出，西南 HST245、DH3 两种聚合物的黏度明显高于 MO、恒聚、西南 HNT275 和 DH5 的表观黏度。疏水缔合型聚合物的曲线普遍都呈现存在一个拐点，该拐点所对应的浓度即为临界缔合浓度（C^*）。当浓度低于 C^* 时，随浓度的增加，黏度增长较为缓慢；当浓度高于临界缔合浓度时，黏度急剧增长。

恒聚聚合物与 MO 的表观黏度随浓度变化关系分别见图 3-2。从图 3-2 可以看出，与 MO 相比，恒聚聚合物的黏度虽然有所提升，但是没有明显的黏度突变，从粘浓关系上体现不出临界缔合浓度的存在。这是因为恒聚聚合物也是一种普通类型的聚合物，分子链中没有疏水基团的存在，所以黏浓关系曲线与 MO 类似。

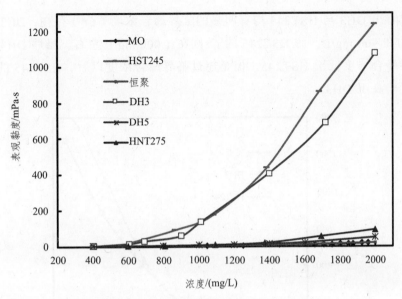

图 3-1　不同类型聚合物的黏浓曲线

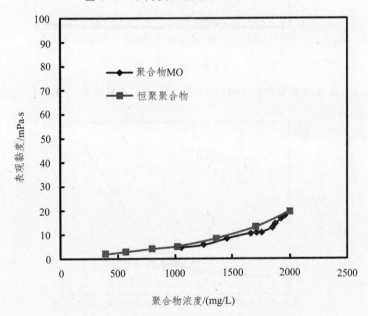

图 3-2　恒聚聚合物与 MO 的黏浓曲线
（矿化度：20 000 mg/L；剪切速率：7.3 4 s^{-1}）

相比之下，疏水缔合聚合物则表现出了比较高的表观黏度。从图 3-3

可以看出 DH3 与 HST245 均有明显的临界缔合浓度（$C*$）存在，DH3 的 $C*$ 约在 900 mg/L，而 HST245 的 $C*$ 则在 1 000 mg/L 左右。虽然 DH3 的临界缔合浓度低于 HST245，但是超过临界缔合浓度以后，HST245 的黏度要略高于 DH3。

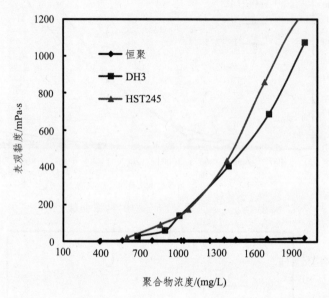

图 3-3 疏水缔合聚合物 DH3 和 HST245 与普通聚合物恒聚的黏浓曲线

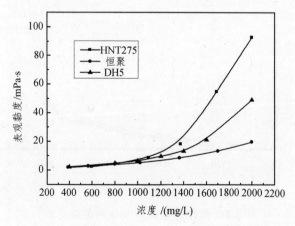

图 3-4 缔合型聚合物 HNT275 和 DH5 与普通聚合物的黏浓曲线
（矿化度：20 000 mg/L；剪切速率：7.34 s^{-1}）

疏水缔合聚合物 HNT275 和 DH5 与普通聚合物恒聚的黏浓关系见图 3-4，HNT275 和 DH5 也存在临界缔合浓度，均在 1 200 mg/L 左右，但是两种缔合型聚合物的黏度要远低于 HST245 和 DH3。与 HNT275 相比，DH5 的黏浓关系变化更加平坦。

3.2.1.2　矿化度及温度对表观黏度的影响

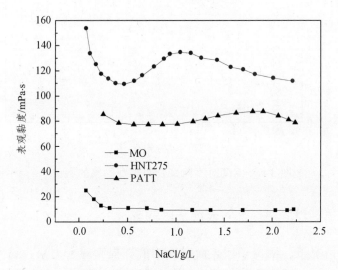

图 3-5　矿化度对不同聚合物表观黏度的影响（聚合物浓度：2 000 mg/L）

矿化度对不同类型聚合物的影响见图 3-5，疏水缔合型聚合物 HNT275 表现出一定的耐盐特性，表观黏度的总体趋势先降低，然后升高，后来又逐渐降低。我们合成的 PATT 聚合物也有此种趋势，但是黏度升高下降并不明显。在这个趋势中，黏度增加在原因有二，一是 NaCl 的加入使溶液的极性增加，有利于分子间缔合结构的加强，二是盐的加入使得疏水基团的溶解度降低，从而增强了疏水基团之间的相互缔合[53-56]。

温度对两种聚合物表观黏度的影响见图 3-6，聚合物浓度为 2 000 mg/L，聚合物 HNT275 在 40 ℃ 以前表现出一定的耐温性，由于苯环结构的耐温性能更加优异，所以 PATT 在 50 ℃ 之前表现出一定的耐温性。由于疏水基团之间的缔合过程是个吸热过程，温度升高有利于缔合结构的形成，有利于黏度的增加，然而，温度过高也会使得亲水基团与水形成的氢键减弱，还会加剧分子链的热运动，从而导致黏度的降低。

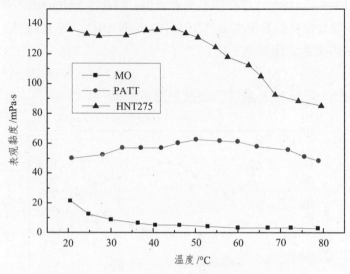

图 3-6　温度对不同聚合物表观黏度的影响

3.2.1.3　表面活性剂对表观黏度的影响

通常情况下，阴离子型表面活性剂能够提高缔合型聚合物的表观黏度，本节主要考察阳离子和非离子表面活性剂对聚合物溶液表观黏度的影响。阳离子型和非离子型表面活性剂对聚合物黏度变化率的影响见图3-7。所谓黏度变化率，即含表面活性剂的聚合物溶液黏度与无表面活性剂的聚合物溶液黏度之比。非离子型表面活性剂为吐温 80，季铵盐为十二烷基三甲基氯化铵，常用作油田水处理的杀菌剂。从图 3-7 可见，阳离子型和非离子型表面活性剂都会对疏水缔合型聚合物造成比较大的黏度损失。当阳离子表面活性剂吸附于 HAPAM 的疏水微区时，也与 HAPAM 的疏水侧链形成聚集体，使疏水侧链的缔合强度增大；但表面活性剂的亲水端为正电性，将吸附更多的 HAPAM 的亲水链段，致使 HAPAM 分子的卷缩，而非离子表面活性剂的含氧基团直接破坏疏水微区，也会造成黏度损失。相对于两种疏水缔合型聚合物，普通类型聚合物的黏度对两种表面活性剂敏感型较弱。胜利油田地质院合成的阴非及两性表面活性剂对 DH5 黏度的影响见图 3-8，这 3 种表面活性剂均会造成黏度损失，另外，地质院合成的两性表面活性剂（1#、2#）还会引起缔合型聚合物 DH5 的絮凝状沉淀，见图 3-9。

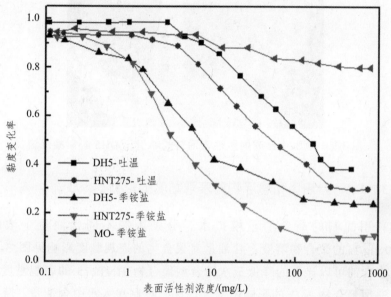

图 3-7　表面活性剂对不同聚合物黏度变化率的影响

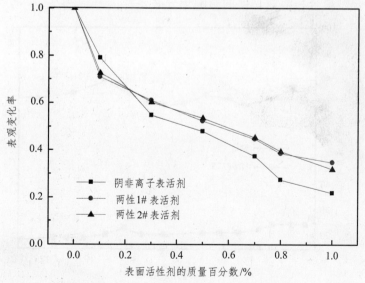

图 3-8　地质院合成的两性表活剂对 DH5 黏度变化率的影响

图 3-9　地质院合成的两性表活剂能够引起 DH5 的絮凝沉淀

3.2.1.4　含油量和悬浮物对表观黏度的影响

利用配制的高含油量模拟水，分别配制不同含油量、浓度为 2 000 mg/L 的聚合物溶液，含油量对聚合物的表观黏度影响见图 3-10，配置水含油可以显著的降低疏水缔合型聚合物 HNT275 的表观黏度，而对普通型聚合物 MO 的影响不大。因此，控制注入水中含油量，降低对疏水缔合型聚合物溶液黏度的影响十分必要。

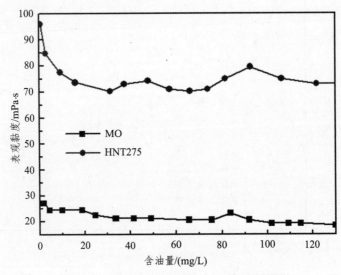

图 3-10　含油量对不同聚合物的黏度影响

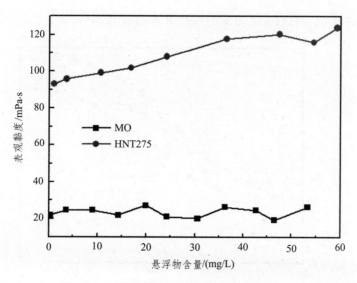

图 3-11　悬浮物对不同聚合物的黏度影响

悬浮物（黏土）含量对聚合物的黏度影响见图 3-11，聚合物的浓度同样为 2 000 mg/L。图 3-11 表明，悬浮物对普通类型聚合物黏度影响不大，但是能够提高疏水缔合型聚合物的黏度，唐恒志等[51]认为悬浮物中部分活性物质与疏水缔合聚合物发生了相互作用，增强了聚合物溶液的空间网络结构，导致溶液黏度升高，但同时，由于悬浮物对聚合物的吸附，会损耗一部分聚合物，形成的絮体容易堆积在近井地带，影响聚合物向地层深处传导，降低驱油效果[51]。

3.2.2　不同类型聚合物的黏弹性分析

当聚合物的浓度为 2 000 mg/L 时，储能模量 G' 和损耗模量 G'' 与角频率的关系见图 3-12，从图中可以看出，疏水缔合型聚合物 HNT275 的储能模量和损耗模量均比普通聚合物 MO 要高，但是在一定的角频率以后，MO 的储能模量要高于 HNT275。第 1 章中曾经指出，合成 HAPAM 的疏水单体都带有庞大的侧基，使得 HAPAM 的分子量远远低于相同条件下合成的聚丙烯酰胺[41]，从实验部分表 3-1 中的数据也可以看出，MO 的特性黏数（2 213 mL/g）高于 HNT275 的特性黏数（1 451 mL/g）。因此，与 HPAM 相比，HAPAM 溶液的弹性并不占优势。

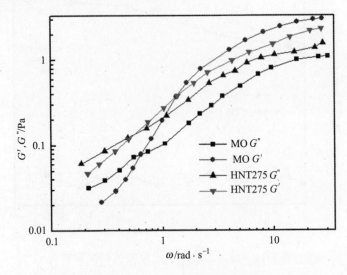

图 3-12　两种聚合物的黏弹性

3.3　本章小结

疏水缔合聚合物存在临界缔合浓度（$C*$），当其浓度高于 $C*$后，随浓度的增加，表面黏度急剧升高，远远大于普通型聚合物。西南 HST245、DH3 两种聚合物的黏度明显高于 MO、恒聚、西南 HNT275 和 DH5 的表观黏度。DH3 的 $C*$约在 900 mg/L，HST245 的 $C*$则在 1 000 mg/L 左右，HNT275 和 DH5 的 $C*$均在 1 200 mg/L 左右。与普通聚合物相比，PATT 具有一定的耐温抗盐性。虽然疏水缔合型聚合物有一定的耐温抗盐性，但是对水质的要求很高，微量的阳离子型和非离子型表面活性剂即会造成很大的黏度损失，配制水含油也会造成黏度损失。在一定的角频率下，疏水缔合型聚合物的弹性模量与普通聚合物相当。

第 4 章　不同类型聚合物在孔隙介质中的渗流性质

本章主要研究了普通部分水解型聚合物和缔合型聚合物在多孔介质中的渗流性质，包括阻力系数、残余阻力系数、有效黏度和动态滞留量。研究了渗透率和注入速度对聚合物溶液有效黏度的影响。在前人的基础上修正了有效黏度的计算公式。采用单分子力谱仪实际测定与 Materials Studio 软件模拟相结合的方法，揭示了缔合型聚合物滞留量较高的原因。

4.1　研究方法

实验材料：模拟地层水（矿化度：20 000 mg/L，Ca^{2+}：500 mg/L，配置方法：1 L 水中溶解 18.613 g NaCl，1.387 g NaCl、MO 聚合物、恒聚聚合物、疏水缔合型聚合物（西南 HNT275、西南 HST245、DH3 和 DH5），聚合物的基本物性参数见第 3 章 3.1 节表 3-1。

图 4-1　DY-Ⅲ型多功能物理模拟驱替装置

实验仪器：DY-Ⅲ型多功能物理模拟装置（华兴石油仪器）、HXH-1008高压恒压恒速泵、填砂管（$\phi 2.5 \times 50$ cm）、岩心夹持器，岩心（$\phi 2.5 \times 10$ cm），精密天平等。

4.1.1 有效黏度的测定

（1）配制总矿化度为 20 000 mg/L，Ca^{2+}为 500 mg/L 的现场模拟水，配置方法：1 L 水中溶解 18.613 克氯化钠，1.387 克氯化钙。

（2）使用上述模拟水分别溶解不同类型聚合物，得到浓度为 2000 ℃ mg/L 的不同聚合物溶液（溶解水浴温度约为 35 ℃，溶解时间为 15 h 左右）。

（3）使用筛选的 200～250 目细沙装填 50 cm 填砂管（图 4-2），使其渗透率在 1 ℃μm² 左右，或者选用不同渗透率的岩心（$\phi 2.5 \times 10$ ℃ cm）。

（4）将配制好的聚合物溶液（2 ℃ 000 ℃ mg/L）和模拟水分别按照图 4-3 所示，分别装进聚合物罐和盐水罐中。

（5）按图 4-3 流程连接实验设备，并将压力显示器调零，开风机将箱内温度升高至 80 ℃。

（6）使用模拟水以 0.5 mL/min 的流量驱替填砂管，直到压力稳定，记录入口压力得到注水时的压力降 ΔP_w，并根据达西公式计算水测渗透率 K_w。

（7）分别将不同类型的聚合物溶液（2 000 mg/L）以相同的流量（0.5 mL/min）注入填砂管，进行驱替实验，分别记录进口压力、测点 1 压力和测点 2 压力随注入量的变化。直至压力平稳后，得到注聚合物的压力降 ΔP_p，结合步骤 6 得到的 ΔP_w，计算阻力系数 F_R。

（8）打开盐水罐，关闭聚合物管，进行后续水驱。分别记录进口压力、测点 1 压力和测点 2 压力随注入量的变化。直到压力平稳后，得到压力降 ΔP，根据达西公式计算得到聚合物溶液通过后水冲洗渗透率 K_f，结合步骤 6 得到的渗透率 K_w，计算得到残余阻力系数 F_{RR}。

（9）根据步骤 7 得到的阻力系数 F_R、步骤 8 得到的残余阻力系数 F_{RR}，则可计算出聚合物溶液通过多孔介质的有效黏度 μ_{ef}。有效黏度的计算公式见第 1 章式（1-5）。

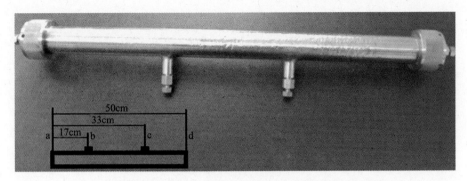

图 4-2　实验用带两个测压点的填砂管

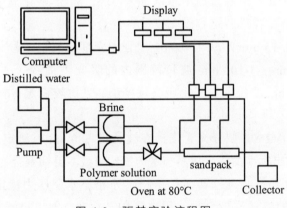

图 4-3　驱替实验流程图

4.1.2　聚合物动态吸附量的测定

缓冲溶液的配制：准确称取 25 g 三水合醋酸钠（$CH_3COONa \cdot 3H_2O$）溶解在 700 g 蒸馏水中，加入水合硫酸铝 0.75 g，再加入冰醋酸 110 g。用醋酸调节 pH 值至 3.5，在容量瓶中使用蒸馏水稀释至 1 000 mL，备用。

淀粉-碘化镉试剂配制：准确称取 11 g 碘化镉（CdI_2）溶解于 400 g 蒸馏水中，加热煮沸 15 min，并稀释至 800 g。将 2.5 g 淀粉加入少量蒸馏水中形成糊状物，搅拌的同时缓慢地加入到上述碘化隔溶液中，再将溶液温和的煮沸 5 min，冷却，使用 42#双层滤纸过滤，最终在容量瓶中使用蒸馏水稀释至 1 000 mL，备用。

配置质量分数为 1%的甲酸钠水溶液，备用。

标准曲线的绘制：

（1）取 5 个容量瓶编号 1~5 号，分别加入缓冲溶液 5 mL。

（2）1~5 号容量瓶中分别加入 1 mL、2 mL、3 mL、4 mL、5 mL 质量分数为 50 μg/mL 的聚合物溶液（要求检测液中聚合物含量在 15~300 μg/mL），聚合物检测液的体积不超过 30 mL。

（3）用蒸馏水将 5 个容量瓶分别稀释至 35 mL，并摇匀。

（4）向 5 个容量瓶中依次加入 1 mL 饱和溴水，混合反应 15 min。

（5）向 5 个容量瓶中分别加入 5 mL 1%的甲酸钠溶液，反应 5 min。

（6）立即向 5 个容量瓶中依次加入 5 mL 淀粉-碘化镉试剂，然后用蒸馏水将 50 mL 容量瓶定容到刻度线，混合。

（7）显色 15 min 后用 UV2802 型分光光度计测量 1 号和 5 号容量瓶溶液在 190 nm~1 100 nm 波长范围内的吸光度曲线，观察结果发现 575 nm~587 nm 波长存在一个吸光度峰值，且比较稳定，故选用 580 nm 为测量波长。

（8）用 UV2802 型分光光度计在波长为 580 nm 时测定 1~5 号溶液的吸光度，做出标准曲线，以蒸馏水为参比溶液。得到聚合物的标准曲线。

将岩心放入岩心夹持器，在 80 ℃ 水浴下水驱压力稳定后，开始以 0.34 mL/min 的流量注聚合物，用试管在岩心夹持器出口端采集流出液，每 4 mL 换试管，采集 17 支试管（4×17 mL）后，取 17 个 50 mL 容量瓶，编号 1~17 并加入缓冲溶液 5 mL，分别将此 17 支试管中的采集液稀释 40 倍后，加入对应编号的容量瓶中，其余步骤如同标准曲线绘制步骤。

分别测得 17 支试管内聚合物（采出液）经过淀粉-碘化镉发处理后试液的吸光度，将吸光度的值带入标准曲线方程，得对应采出液的质量浓度。聚合物溶液的初始浓度与采出液质量浓度的差值即为动态吸附量。

由注入岩心的聚合物总量与流出的总量之差计算聚合物流经岩心后的滞留量。如下式所示：

$$Q_1 = \left(\rho_0 V_0 - \sum_{i=1}^{n} \rho_i V_i \right) / W \qquad (4\text{-}1)$$

式中　Q_1——滞留量，μg/g

　　　ρ_0——注入溶液的浓度，mg/L；

V_0——累积注入体积，mL；

ρ_i——出口端第 i 个流出样品的浓度，mg/L；

V_i——第 i 个流出样品的体积，mL；

n——出口端收集的流出样品的数量；

W——岩心干质量，g。

4.1.3　聚合物在二氧化硅表面吸附力的测定

将单晶硅片放入双氧水和浓硫酸混合溶液中（体积比：3∶7）煮沸 10 min，再用去离子水冲洗干净，使用 N_2 吹干，放入干燥皿中备用。这样处理过的硅片表面为一层二氧化硅。

使用模拟水配制 2 000 mg/L 的聚合物母液，再将母液稀释至 100 mg/L。使用微量移液枪将 4 μL 稀释后的溶液转移到处理好的基片上，再放入密封容器中放置 30 min，之后用大量去离子水冲洗，再使用 N_2 吹干。再将基片放置到样品池中，注入模拟水，将针尖安装到单分子力谱仪（Veeco Nanoscope Ⅲ型）上，测定力信号。

4.2　结果及分析

4.2.1　聚合物溶液在填砂管模型中的渗流性质

与普通聚合物 MO 和恒聚相比较，疏水缔合型聚合物具有非常明显的表观黏度优势。那么，在多孔介质中，HAPAM 的有效黏度是否也高于普通聚合物呢？

不同聚合物的注入压力及后续水驱压力与注入量变化关系分别见图 4-4 至图 4-9。普通聚合物注入压力达到平衡时的注入量相对较少，MO 聚合物为 3.5 PV，恒聚聚合物为 3.15 PV。而缔合型聚合物注入压力达到平衡时的注入量相对较大，西南 HST275 为 7.65 PV，DH3 为 8.2 PV，而西南 HNT245 和 DH5 在注入多个孔隙体积倍数后，压力仍有上升的趋势。

疏水缔合聚合物压力达到稳定时，需要的注入量要高于普通型聚合物。除了 DH5 外，其他缔合型聚合物的最高注入压力与普通聚合物相差不大，这可能与模型选用的渗透率较大（水测 $0.7 \sim 1 \ \mu m^2$）有关。DH5 出现较大注入压力可能是由于模型出现堵塞导致的。

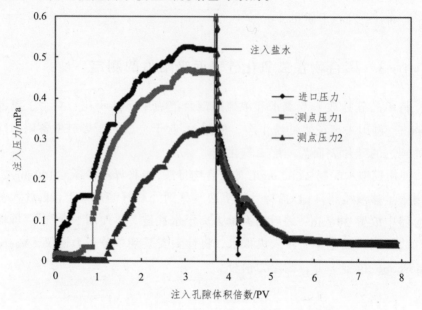

图 4-4　聚合物 MO 的注入压力及后续水驱压力随注入量的变化

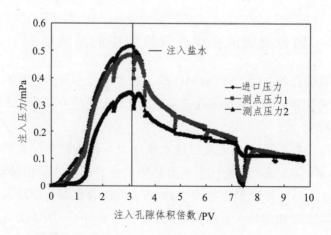

图 4-5　恒聚聚合物的注入压力及后续水驱压力随注入量的变化

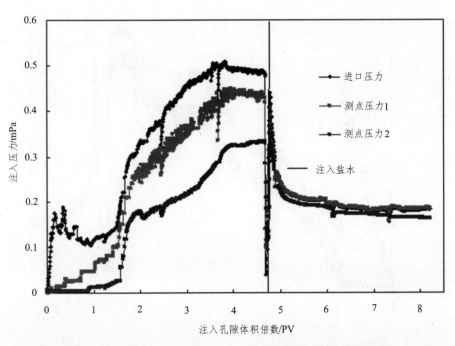

图 4-6　疏水缔合聚合物 HNT275 的注入压力及后续水驱压力随注入量的变化

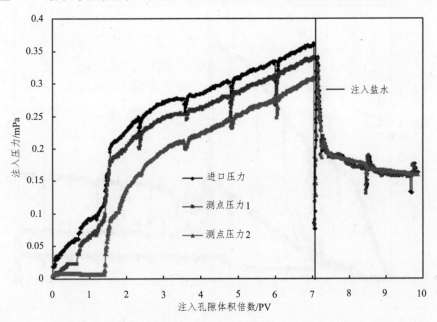

图 4-7　疏水缔合聚合物 HST245 的注入压力及后续水驱压力随注入量的变化

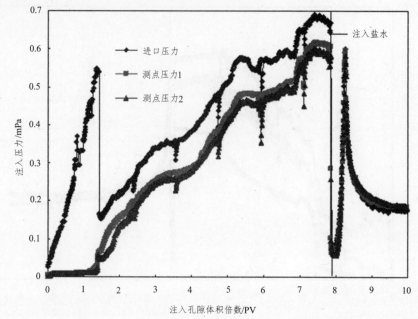

图 4-8　疏水缔合聚合物 DH3 的注入压力及后续水驱压力随注入量的变化

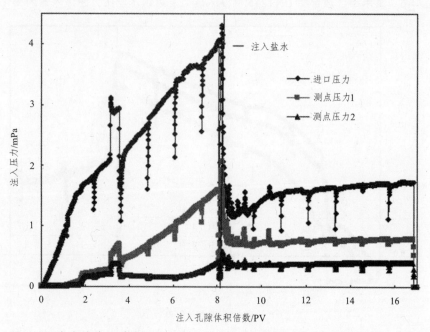

图 4-9　疏水缔合聚合物 DH5 的注入压力及后续水驱压力随注入量的变化

根据实验部分 4.1.1 的步骤，计算得到的不同聚合物流动参数见表4-1。数据表明，与普通聚合物相比，所有疏水缔合聚合物都能够在多孔介质中建立比较高的残余阻力系数。另外，从计算得到有效黏度数据显示，普通聚合物的有效黏度均要高于疏水缔合型聚合物。将张超等人[13,15-16]文献中的数据按公式（1-5）计算有效黏度，可以得到与本文一致的结论。这是因为疏水缔合型聚合物更容易在多孔介质中发生吸附、捕集滞留，同时，HAPAM 还能在多孔介质中形成分子间缔合为主的缔合结构。因此，疏水缔合聚合物在多孔介质中能够建立较高的残余阻力系数，但是聚合物的滞留和缔合一方面能造成流动阻力的增加，另一方面也会造成聚合物的损失，造成有效黏度的降低。该部分研究成果已经整理成论文在《Petroleum Science and Technology》期刊发表[57]。

表 4-1　不同聚合物在填砂管中的流动特性

聚合物名称	$K_w/\mu m^2$	$K_f/\mu m^2$	F_{RR}	F_R		
				前段	中段	后段
MO 聚合物	0.846	0.185	4.573	16.471	44.063	95
恒聚聚合物	1.131	0.078	14.5	12.692	57.5	132.69
西南 HST245	0.998	0.052	19.192	7.241	11.111	105.86
西南 HNT275	0.772	0.046	16.78	14.865	28.857	89.73
DH3	0.838	0.045	16.4	18.414	6.25	151.151
DH5	0.972	0.005	157.55	664.324	337.143	113.514

聚合物名称	表观黏度 /mPa·s	有效黏度/mPa·s			F_R （整管）	有效黏度 （整管） /mPa·s
		前段	中段	后段		
MO 聚合物	19.8	1.30	3.47	7.48	52	4.09
恒聚聚物	19.7	0.32	1.43	3.29	68.8	1.71
西 HNT245	>100	0.14	0.21	1.99	42.12	0.79
西 HST275	92.9	0.32	0.62	1.93	44.36	0.95
DH3	>100	0.40	0.14	3.32	59.65	1.31
DH5	49.2	1.52	0.77	0.26	368.91	0.84

4.2.2　聚合物在岩心中的渗流性质

以上实验结果是在填砂管模型中得到的，除此之外，我们还进行了恒聚和 DH5 在胶结岩心中的渗流实验。聚合物在生产过程中可能添加了交联剂，目的是为了增加溶液的黏度，为了消除交联聚合物对渗流性质可能存在的影响，本节研究了未经过滤及经过过滤后聚合物溶液的渗流性质。未经砂芯漏斗过滤的聚合物在不同渗透率岩心中的注入压力随注入量的变化见图 4-10 至图 4-15。

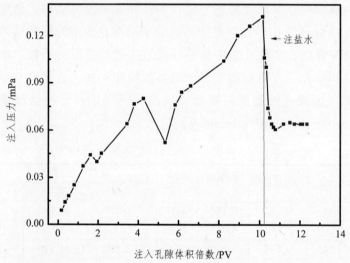

图 4-10　恒聚在岩心中的注入曲线（岩心编号：C3；渗透率：$0.348~\mu m^2$）

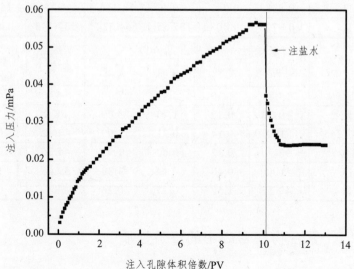

图 4-11　恒聚在岩心中的注入曲线（岩心编号：C5；渗透率：$0.754~\mu m^2$）

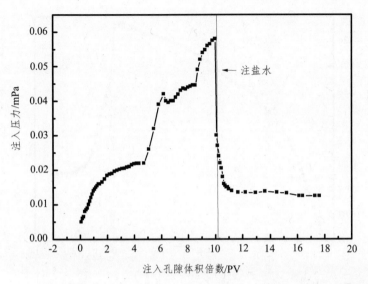

图 4-12　恒聚在岩心中的注入曲线（岩心编号：A3；渗透率：0.921 μm²）

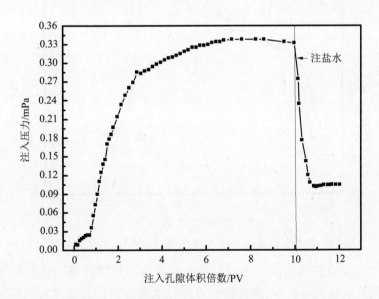

图 4-13　DH5 在岩心中的注入曲线（岩心编号：C1；渗透率：0.34 μm²）

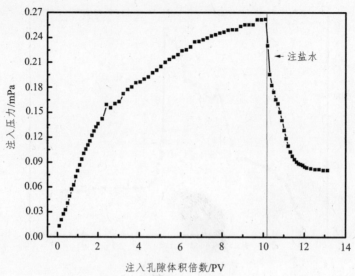

图 4-14　DH5 在岩心中的注入曲线（岩心编号：A5；渗透率：0.537 μm²）

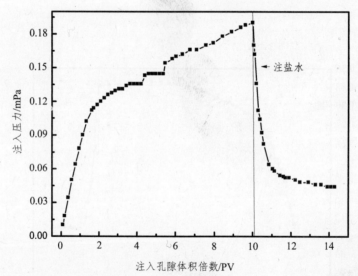

图 4-15　DH5 在岩心中的注入曲线（岩心编号：A1；渗透率：0.717 μm²）

　　以上的实验样品溶解后未经过滤，注入压力持续升高，没有稳定阶段，因此采取注入 10 PV 聚合物后直接注水的方法。实验测定及计算得到的聚合物流动参数见表 4-2。DH5 的注入压力均高于恒聚，其阻力系数和残余阻力系数也高于恒聚，在渗透率相近的条件下，DH5 的有效黏度略高于恒聚，随着渗透率的增高，有效黏度有升高的趋势。

表 4-2　聚合物在岩心中的流动特性（未经过滤）

聚合物	岩心编号	初始渗透率/μm^2	注聚压力（10 PV）/MPa	后续水驱稳定压力/MPa	阻力系数	残余阻力系数	有效黏度/mPa·s
恒聚	C3	0.348	0.132	0.064	13.54	6.564	0.742
	C5	0.754	0.056	0.023 8	12.44	5.289	0.846
	A3	0.921	0.058	0.012 5	16.57	3.571	1.67
DH5	C1	0.34	0.332	0.104 3	33.2	10.43	1.14
	A5	0.537	0.261 5	0.08	43.58	13.33	1.18
	A1	0.717	0.19	0.044	42.22	9.778	1.56

聚合物溶液经过过滤后（使用 G0 号的砂芯漏斗过滤），得到的渗流实验结果见图 4-16 至图 4-23。从图中可以看出，聚合物溶液经过过滤后，注入大约 2～3 PV，注入压力可以达到稳定，DH5 的稳定压力要高于恒聚。普通聚合物的注入压力达到最高后可以稳定，但是 DH5 的注入压力达到最高后，还会有一定程度的降低，这可能是缔合型聚合物经过岩心剪切过程中，缔合作用有所减弱的原因。

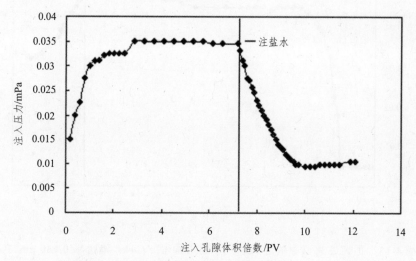

图 4-16　恒聚在岩心中的注入曲线（岩心编号：A21；渗透率 0.191 μm^2）

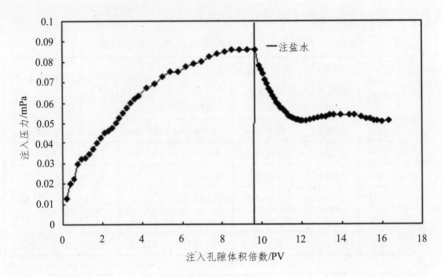

图 4-17　恒聚在岩心中的注入曲线（岩心编号：A61；渗透率 0.849 μm²）

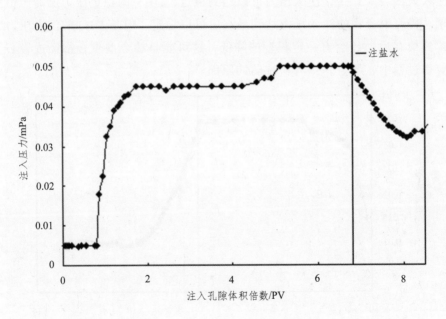

图 4-18　恒聚在岩心中的注入曲线（岩心编号：C41；渗透率 0.139 μm²）

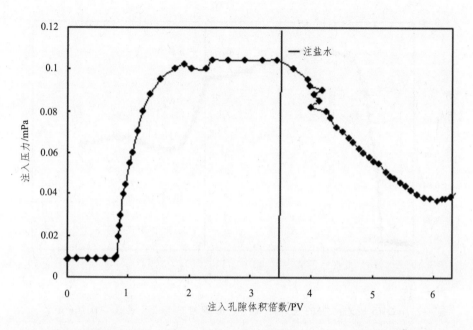

图 4-19　恒聚在岩心中的注入曲线（岩心编号：C61；渗透率 0.056 μm²）

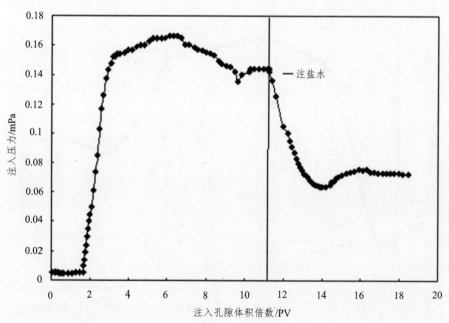

图 4-20　DH5 在岩心中的注入曲线（岩心编号：A22；渗透率 0.10 μm²）

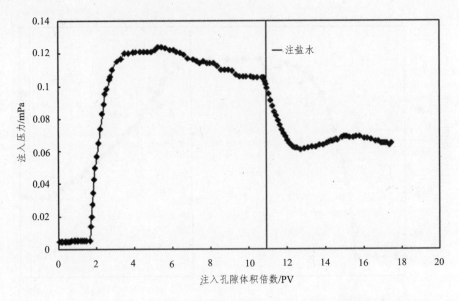

图 4-21　DH5 在岩心中的注入曲线（岩心编号：A62；渗透率 0.706 μm²）

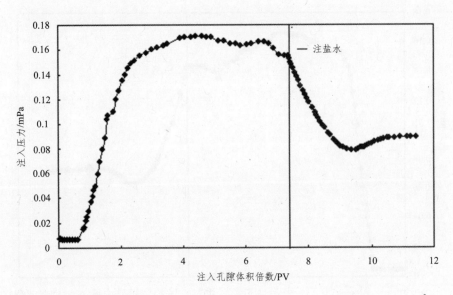

图 4-22　DH5 在岩心中的注入曲线（岩心编号：C42；渗透率 0.087 μm²）

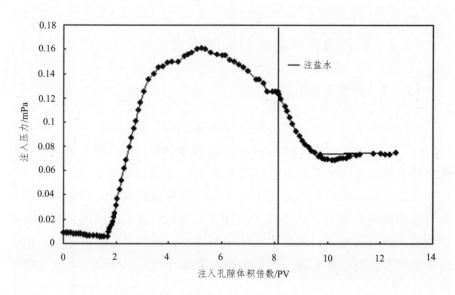

图 4-23　DH5 在岩心中的注入曲线（岩心编号：C62；渗透率 0.141 μm^2）

表 4-3　聚合物溶液在岩心中的流动性质（过滤后）

聚合物	岩心编号	初始渗透率/μm^2	注聚压力/MPa	后续水驱压力/MPa	阻力系数	残余阻力系数	有效黏度/mPa·s
恒聚	C61	0.056	0.104	0.038	11.56	4.22	0.99
恒聚	C41	0.139	0.050	0.032	10.2	6.53	0.56
恒聚	A21	0.191	0.0345	0.0105	4.313	1.313	1.18
恒聚	A61	0.849	0.086	0.051	43.00	25.5	0.61
DH5	C42	0.087	0.171	0.079	24.42	11.29	0.78
DH5	A22	0.100	0.166	0.073	28.8	14.5	0.82
DH5	C62	0.141	0.161	0.069	26.83	11.5	0.84
DH5	A62	0.706	0.124	0.0618	24.8	12.36	0.72

　　聚合物溶液经过滤后，在岩心中的流动参数见表 4-3。其中恒聚在 A61 岩心中的数据异常，结果仅作参考，大致的结果是 DH5 的注入压力高于恒聚，恒聚的阻力系数和残余阻力系数均低于 DH5，恒聚的有效黏度略高于 DH5。

4.2.3　聚合物有效黏度的影响因素

4.2.3.1　渗透率的影响

不同渗透率条件下，两类聚合物的注入曲线分别见图 4-24、图 4-25（经过滤），所用岩心为 $\phi 2.5 \times 10$ cm。渗透率越低，注入压力越高。两类聚合物在不同渗透率下的有效黏度见表 4-4。随着渗透率的增大，聚合物的有效黏度有逐渐增大的趋势。叔贵欣[58]等曾经研究过岩心的渗透率对聚合物滞留量的影响，认为渗透率越大，尽管吸附表面增加会导致吸附量增大，但是孔隙半径的增大会使捕集减小，最终导致滞留降低。由于滞留量减少，可以在孔隙中运移的聚合物浓度增大，导致了有效黏度的增加。

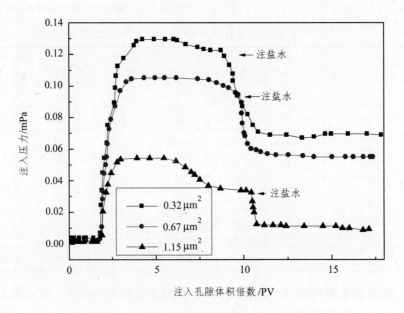

图 4-24　不同渗透率下 DH5 的注入压力曲线

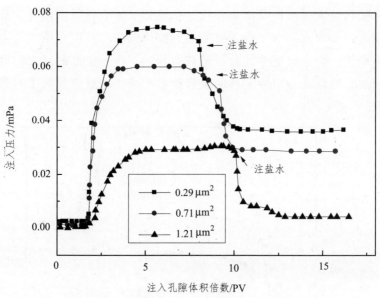

图 4-25　不同渗透率下恒聚的注入压力曲线

表 4-4　两种聚合物在不同渗透率下的有效黏度

聚合物	初始渗透率/μm²	注聚压力/MPa	后续水驱压力/MPa	有效黏度/mPa·s
恒聚	0.29	0.074	0.035 8	0.744
恒聚	0.71	0.060	0.028 5	0.756
恒聚	1.21	0.029	0.0042	2.486
DH5	0.32	0.129	0.069	0.675
DH5	0.67	0.105	0.055	0.687
DH5	1.15	0.054	0.011	1.767

4.2.3.2　注入速度的影响

渗透率在 1 μm² 左右，不同注入速度下，两类聚合物的注入曲线分别见图 4-26、图 4-27，所用岩心为 $\phi 2.5 \times 10$ cm。注入速率越快，注聚压力平衡时所需的注入量越大，注入压力也越高，阻力系数与残余阻力系数均会增大。表 4-5 列出了两类聚合物在不同流速下的有效黏度，发现随着注入速度的增加，有效黏度有下降的趋势。孔柏岭[59]等人曾经研究过注入速度对部分水解型聚丙烯酰胺滞留量的影响，认为增加流速会使分子链受到更大的拉伸及剪切作用，会使分子链变得更加伸展，流体力学体积进一步增大。由于分子链受力的拉伸取向与孔隙介质中孔道曲折性并不相符，会导致更多的分子链滞留其中。注入速度的增大，导致滞留量增加，可以在孔隙中运移的聚合物浓度减少，最终导致了有效黏度的降低。

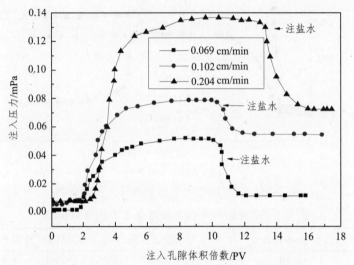

图 4-26   不同注入速度下 DH5 的注入压力曲线

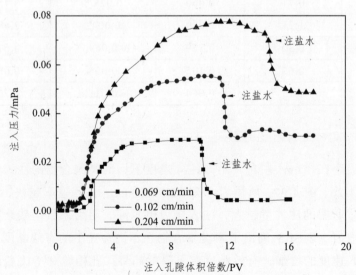

图 4-27   不同注入速度下恒聚的注入压力曲线

表 4-5   两种聚合物在不同流量下的有效黏度

聚合物	流速/cm/min	注聚压力/MPa	后续水驱压力/MPa	有效黏度/mPa·s
恒聚	0.069	0.029	0.004 7	2.221
恒聚	0.102	0.055	0.030 8	0.643
恒聚	0.204	0.077	0.048 6	0.570
DH5	0.069	0.051	0.011 4	1.611
DH5	0.102	0.079	0.054 3	0.524
DH5	0.204	0.137	0.072 4	0.681

4.2.4   聚合物有效黏度的修正

使用第 1 章公式（1-5）计算有效黏度虽然简便易行，但是其计算公式中并没有涉及到聚合物溶液的非牛顿性质参数。聚合物溶液是一种典型的非牛顿流体，很多研究表明，聚合物溶液流经孔隙介质时，如果剪切速率较低，呈现出假塑性流体性质，若剪切速率较高，则表现出胀塑性流体性质[60-63]。Gupta 等学者[60]认为，聚合物溶液表现出胀塑性的原因在于黏弹性，当黏弹性流体高速通过收缩-扩张的通道时，胀塑性流体性质才会表现出来。

Mohammad Ranjbar[43]等人曾研究过剪切速率对有效黏度的影响，使用修正后的 bird 模型计算剪切速率，发现对于 1 500 mg/L 的聚合物溶液，剪切速率超过 438 s^{-1} 后才发生剪切增稠现象（渗透率 0.75 μm^2），浓度越低，发生剪切增稠效应时的临界剪切速率越高。陈铁龙[64]等人使用修正后的 Hirasaki 模型计算剪切速率，发现剪切变稠区的临界剪切速率在 229 s^{-1}。然而，实际聚合物驱的渗流速度是很慢的，以胜利油田聚合物驱 1 m/d（流量 0.34 mL/min）的驱替速度为例，使用 Hirasaki 模型计算得到的剪切速率仅为 6.87×10^{-3} s^{-1}，远远低于临界剪切速率，因此，本节不考虑聚合物的胀塑性质。

Blake-kozeny 方程以将孔隙介质等效为等径的毛细管，不存在收缩-扩张通道，因此使用 Blake-kozeny 方程计算聚合物溶液的有效黏度时，不存在胀塑性质。Blake-kozeny 方程应用于幂律流体的有效黏度表达式为式（4-2），其中 k 为多孔介质的原始渗透率，未考虑聚合物在孔隙介质中滞留的情况，因此，应该使用聚合物通过后水冲洗的渗透率来代替原始渗透率，修正后的 Blake-kozeny 方程见式（4-3），其中 F_{RR} 为残余阻力系数。使用式（4-3）计算聚合物溶液的有效黏度，即考虑了其幂律流体的性质，又考虑了聚合物的滞留损失，因此更加真实地反应了聚合物溶液的渗流黏度。这种测定有效黏度的改进方法已经获得发明专利[65]。

$$\mu_{\text{eff}} = \frac{H}{12}\left(9 + \frac{3}{n}\right)^n [150k\phi]^{\frac{1-n}{2}} \qquad (4\text{-}2)$$

$$\mu_{\text{eff}} = \frac{H}{12}\left(9 + \frac{3}{n}\right)^n \left[\frac{150k\phi}{F_{RR}}\right]^{\frac{1-n}{2}} \qquad (4\text{-}3)$$

聚合物的稠度系数 H 和流态指数 n 由聚合物溶液的流变曲线拟合得到。由 HAAKE MARS Ⅲ型流变仪（转子：PZ38）测定的两种聚合物的流变曲线分别见图 4-28、图 4-29，聚合物浓度为 2 000 mg/L。由流变仪自带软件回归出两种聚合物的流动方程分别为式（4-4）、式（4-5）。

$$\text{恒聚：} \tau = 0.034\,64\left(\frac{du}{dr}\right)^{0.804\,5} \qquad (4\text{-}4)$$

$$\text{DH5：} \tau = 0.058\,83\left(\frac{du}{dr}\right)^{0.751\,9} \qquad (4\text{-}5)$$

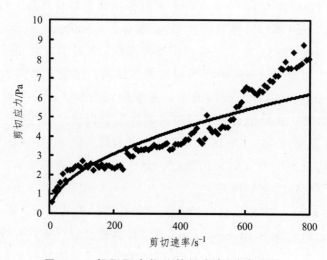

图 4-28 恒聚聚合物的剪切应力-速率曲线

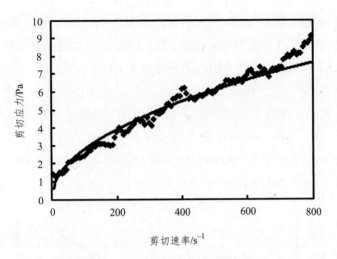

图 4-29　DH5 的剪切应力-速率曲线

由此种方法计算出来的有效黏度与之前计算出的有效黏度对比见表 4-6。

表 4-6　两种聚合物的有效黏度对比

聚合物	初始渗透率 /μm²	岩心编号	注聚压力/MPa	后渗透率/μm²	后续水驱压力/MPa	阻力系数	残余阻力系数	有效黏度① /mPa·s	有效黏度② /mPa·s
恒聚	0.836	7-1	0.024	0.327	0.009 2	6.67	2.56	0.95	1.96
DH5		7-2	0.111 9	0.043	0.068	31.97	19.43	0.59	1.20
恒聚	0.561	9-8-1	0.044	0.119	0.032	6.47	4.71	0.50	1.73
DH5		9-8-2	0.149	0.089	0.070	13.42	6.31	0.77	1.26

注：① 计算公式：$\mu_{ef}=\dfrac{F_R}{F_{RR}}\mu_w$ ；② 计算公式：$\mu_{eff}=\dfrac{K}{12}\left(9+\dfrac{3}{n}\right)^n[150k\phi]^{\frac{1-n}{2}}$ 。

由表 4-6 的数据可以看出，综合考虑聚合物溶液的非牛顿性质及滞留性质后计算出的有效黏度，比只考虑滞留性质计算出的有效黏度要高。

4.2.5　聚合物的动态滞留量

使用紫外可见分光光度计测定聚合物浓度与吸光度的对应标准曲线，恒聚和 DH5 的标准曲线见图 4-30 和图 4-31。吸光度与聚合物浓度存在较好的线性关系。两种聚合物的注入量与出口浓度的关系见图 4-32，聚合物的注入流量为 0.34 mL/min，聚合物的注入浓度为 2 000 mg/L，岩心的渗透率为 1 μm^2 左右。DH5 的质量浓度-注入体积曲线上升比较均匀，恒聚的质量浓度-注入体积曲线在注入 2 PV 之内急剧上升，之后上升较平缓，这表明，在相近渗透率的岩心中，DH5 吸附量随注入体积（时间）均匀增长，即 DH5 吸附速度较均匀；恒聚在短时间内大量吸附，之后随注入体积（时间）增长，吸附量慢慢增加。经计算，DH5 的动态吸附量（1 450.98 $\mu g/g$）远高于恒聚的吸附量（626.70 $\mu g/g$）。

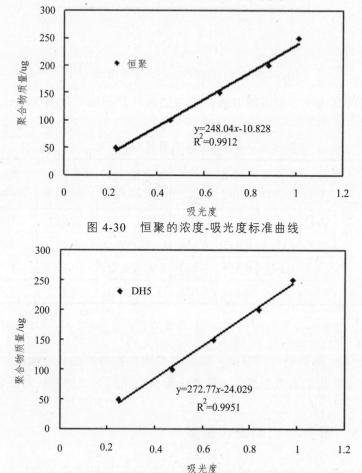

图 4-30　恒聚的浓度-吸光度标准曲线

图 4-31　DH5 的浓度-吸光度标准曲线

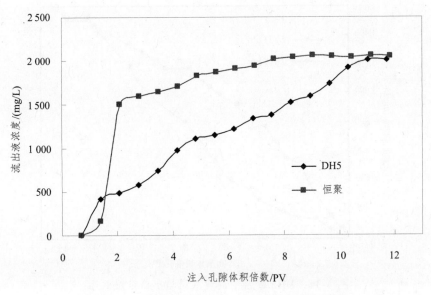

图 4-32　两种聚合物的注入量与出口浓度关系

我们还研究了两种聚合物在不同渗透率下的动态滞留量，测定条件与上述条件有所不同。聚合物的注入流量为 0.23 mL/min，聚合物的注入浓度为 1 500 mg/L。

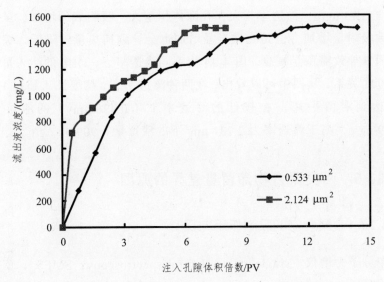

图 4-33　恒聚聚合物的注入量与出口浓度关系

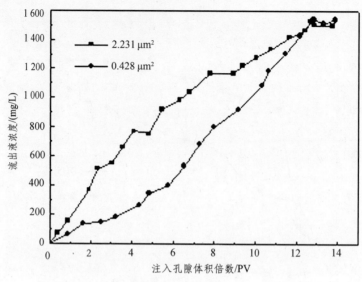

图 4-34　DH5 聚合物的注入量与出口浓度关系

图 4-33 为不同渗透率下，恒聚的注入量与出口浓度的关系。从图中可以看出，在较高的渗透率下（2.124 μm²），注入大约 6 PV 后，即可达到滞留平衡，经计算，滞留量为 379.95 μg/g。而在较低的渗透率下（0.533 μm²），需要注入 11 PV 左右，才能到达滞留平衡，经计算，滞留量为 413.95 μg/g。渗透率越大，孔隙体积越大，吸附表面增加，虽然能够导致吸附量增加，但是孔喉半径增加也会导致捕集量的降低，综合两方面因素导致滞留量减少。图 4-34 为不同渗透率下，DH5 的注入量与出口浓度的关系，从图中可以看出，在两种渗透率下，均要注入超过 13 PV 才能达到滞留平衡。在较低的渗透率下（0.428 μm²）的滞留量为 993.69 μg/g，高于渗透率为 2.231 μm² 下的滞留量（909.61 μg/g）。

4.2.6　两类聚合物滞留量差异的原因

4.2.6.1　聚合物的吸附作用力探究

单分子力谱仪（single molecule force spectroscopy，SMFS），依托于原子力显微（atomic force spectroscopy，AFM））技术，是一种可以直接

测定分子之间皮牛（pN）级别的相互作用力的仪器[66]。聚合物的单分子链与被吸附的基物之间的相互作用力，及其聚合物在基物表面的吸附形态，也可以通过 SMFS 来测定[67-72]。

根据 SUN 等人的研究成果[73]，当聚合物的浓度为 100 mg/L 时，发生单分子链吸附的可能性最大。本文制样使用的聚合物浓度为 100 mg/L，载体为浓硫酸加热煮沸处理过的硅片，表面一层为二氧化硅。研究聚合物单分子链在二氧化硅表面的力曲线可以获得两个信息，一个是不同聚合物在表面的吸附作用力，另一个是聚合物在表面的吸附形态。

普通聚合物在二氧化硅表面的力曲线有两种，分别见图 4-35、图 4-36。图 4-35 为单台阶型，聚合物分子与二氧化硅表面形成多点平复型吸附。由于分子中不存在改性基团，所以每个吸附点的附着力是近似相等的。探针将聚合物链从基片上拉起来时，力曲线表现出一个单平台形状，当分子链被完全脱离基片时，拉力为零，普通聚合物在二氧化硅表面的吸附力为 79.5±10.5 pN。图 4-36 为双平台型，两个台阶是近似等高的，第一个平台的力约为 140 pN，此时探针将一条分子链的两段同时拉起，第二个平台约为 77 pN，此时已有一段分子链被拉起，另一段仍吸附在基片上，力曲线与图 4-35 类似。

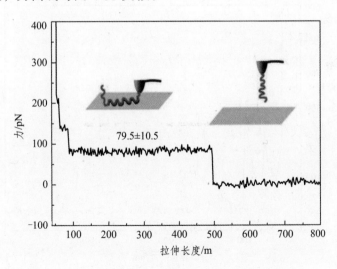

图 4-35　普通聚合物在二氧化硅表面的力曲线（Ⅰ）

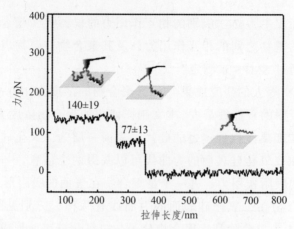

图 4-36　普通聚合物在二氧化硅表面的力曲线（Ⅱ）

缔合型聚合物在基片的吸附力曲线有三种，分别为图 4-37、图 4-39、图 4-40，分别对应三种不同的吸附类型。图 4-37 中出现三个峰，分别对应 200 pN、247 pN 和 272 pN，这三个力远远高于普通聚合物的吸附力（79.5 pN），因此，被认为是缔合型聚合物中的疏水基团与基片之间的相互作用力，因为疏水嵌段的长度不一，因此附着力大小也不一。此种吸附形态如图 4-38 所示，由三处疏水基团吸附在基片上形成环状吸附，当

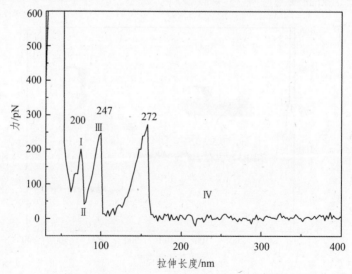

图 4-37　缔合型聚合物在二氧化硅表面的力曲线（Ⅰ）

第一个疏水基团吸附点即将被拉下时，对应阶段 I，此点吸附力为 200 pN。第一个吸附点被拉下时，拉力骤降，对应阶段 II，随后随着探针与基片距离的增加，第二个吸附点即将被拉下，拉力骤升，对应阶段 III，此点吸附力为 247 pN，循环这个过程至第三个吸附点脱离，此时整条分子链被拉下，拉力将为零，对应阶段 IV。

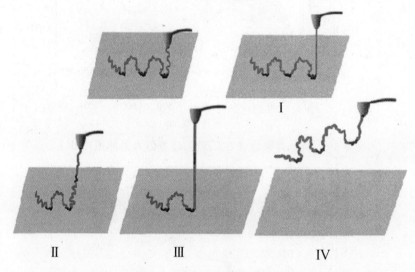

图 4-38　缔合聚合物（I）型力曲线各个阶段的拉伸作用示意图

图 4-39 所示的力曲线对应缔合型聚合物的第二种吸附类型，疏水基团与亲水主链连续的吸附在基片表面，疏水基团首先被拉起，所用力为 246 pN，随后平复吸附在基片的亲水主链被拉起，与普通聚合物类似，拉力为台阶类型，所用力约为 76.9 pN。分子链完全被拉起时，拉力降为零。

图 4-40 所示的力曲线对应缔合型聚合物的第三种吸附类型，两个疏水基团与两段亲水主链连续的吸附在基片表面，中间有一段环状的分子链，探针作用于环状分子链，两个疏水基团首先被拉起，所用力为 554 pN，约为一个疏水基团吸附力的两倍，随后两段平复吸附在基片的亲水主链被拉起，拉力为台阶类型，所用力约为 142 pN，是一段亲水主链附着力的两倍。分子链完全被拉起时，拉力接近为零。

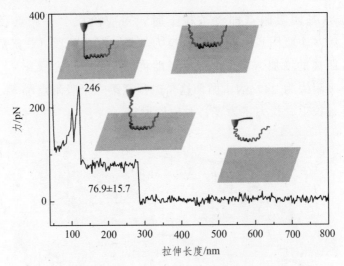

图 4-39　缔合型聚合物在二氧化硅表面的力曲线（Ⅱ）

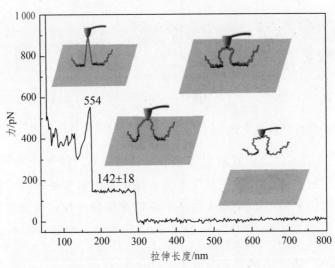

图 4-40　缔合型聚合物在二氧化硅表面的力曲线（Ⅲ）

　　综上所述，普通聚合物在二氧化硅表面的吸附力在 79.5 pN 左右，对于缔合型聚合物，由于疏水基团的长短不一，导致疏水基团在二氧化硅表面的吸附力大约在 200～272 pN。因此，缔合型聚合物的吸附作用远高于普通聚合物，这也是导致缔合型聚合物的残余阻力系数高于普通聚合物，有效黏度低于普通聚合物的原因之一。该部分研究成果已经整理成论文在《Journal of polymer research》期刊发表[74]。

4.2.6.2　聚合物的水动力学半径研究

使用动态光散射法（DLS）可以测得聚合物的水动力学半径（R_h）和归一化权重分布函数[$f(R_h)$]，$f(R_h)$ 由不同水动力学半径的聚合物分子的权重值与最大值间的比值。图 4-41 为矿化度为 20 000 mg/L 时，DH5和恒聚聚合物溶液（2 000 mg/L）的水动力学半径分布情况，水动力学半径的有效范围在 2 ~ 1 000 nm，不在此范围的数据可定性参考。从图中可以看出，两种聚合物的 R_h 大多分布在 10 ~ 1 000 nm 以内，DH5 的 R_h 分布较恒聚更宽，而且出现一些 1 000 nm 以上的分子。DH5 溶液中 R_h 大于 10^3 nm 的聚合物分子比例要高于恒聚，因此更容易堵塞半径较小的孔喉造成捕集。缔合型聚合物的捕集量较高，也是造成其滞留量高的原因之一。

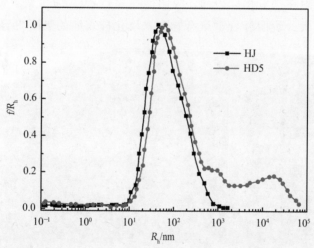

图 4-41　两类聚合物溶液的水动力学半径分布

4.2.6.3　聚合物的模拟吸附行为

Materials Studio（MS）是 Accelrys 公司推出的一款商业软件，可以对材料的物理化学性质进行理论研究。其中的 Adsorption Locater 模块可以模拟一种吸附质在吸附剂上的吸附过程，能够找到吸附质在吸附剂上能量最低的吸附形态，并计算出吸附能[75-77]。

使用 MS 软件的 Visualizer 模块可以构造聚合物和二氧化硅表面，使用 Forcite Plus 模块[78-82]将聚合物和二氧化硅赋予力场、优化结构，再使用 adsorption locator 模块模拟聚合物在二氧化硅表面的吸附行为。

聚合物模型经过简化处理，其中普通聚合物由 30 个丙烯酰胺单体构造而成，缔合型聚合物为 28 个丙烯酰胺和 2 个疏水单体（7 个碳的脂肪链）构造而成，分别模拟两条不同类型的聚合物链段在二氧化硅表面的吸附。普通聚合物的最终吸附构型见图 4-42，下面一层为二氧化硅表面，图 A、B 分别为不同角度观察到的吸附构象。由于聚合物链段之间的相互作用力较弱，两条分子链分别各自吸附在二氧化硅表面，吸附能为 −420 eV。缔合型聚合物的最终吸附构型见图 4-43，图 A、B 分别为不同角度观察到的吸附构象。由于链段之间存在缔合作用，因此两条链聚集在一起，吸附在二氧化硅表面，吸附能在 −477 eV。缔合型聚合物的吸附能绝对值更大，说明缔合型聚合物在二氧化硅表面的吸附更容易发生。

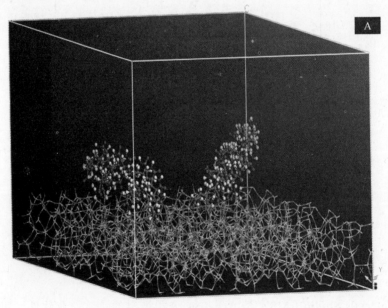

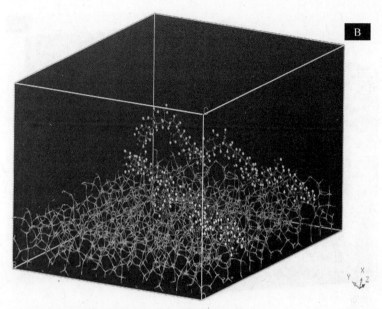

图 4-42 普通聚合物在二氧化硅表面的吸附构象（Adsorption Locater 模块模拟）

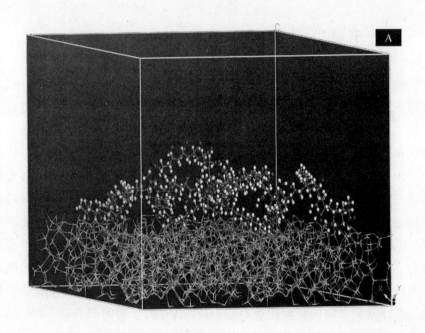

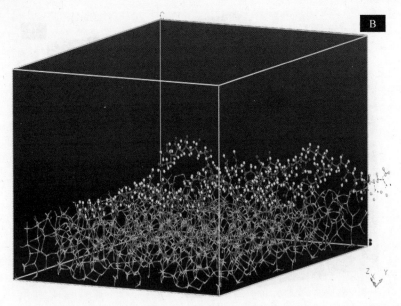

图 4-43　缔合聚合物在二氧化硅表面的吸附构象（ Adsorption Locater 模块模拟 ）

4.3　本章小结

缔合型聚合物的注入压力普遍高于普通聚合物。由于疏水缔合型聚合物更易在多孔介质中发生吸附、捕集等滞留，DH5 的动态滞留量是恒聚的 2.3 倍。因此 HAPAM 的阻力系数和残余阻力系数普遍高于普通聚合物。在填砂管模型中 HPAM 的有效黏度高于 HAPAM。在人造岩心模型中，未经过滤 DH5 的有效黏度略高于恒聚，经过过滤的 DH5 的有效黏度略低于恒聚。DH5 和恒聚的有效黏度差别不大，普通聚合物的有效黏度略占优势。渗透率的降低或者注入速度的增加都会引起有效黏度的降低。普通聚合物在二氧化硅表面的吸附力在 79.5 pN 左右，对于缔合型聚合物，由于疏水基团的长短不一，导致疏水基团在二氧化硅表面的吸附力大约在 200 ~ 272 pN。因此，缔合型聚合物的吸附作用远高于普通聚合物。缔合型聚合物的吸附能绝对值（ 477 eV ）大于普通聚合物（ 420 eV ），表明缔合型聚合物在二氧化硅表面的吸附更容易发生。

第 5 章　不同类型聚合物的驱油效率

本章主要研究了普通部分水解型聚合物和缔合型聚合物提高采收率的能力。考察了聚合物溶液有效黏度和提高采收率能力的关系。研究了缔合型聚合物 HNT275 的浓度和提高采收率能力的关系。重点研究了不同条件下，普通聚合物恒聚和缔合型聚合物 DH5 的驱油效率，提出将缔合型聚合物用于驱油的适用条件。

5.1　研究方法

实验材料：模拟油（原油与煤油体积比为 3.5：1；80 ℃ 下黏度为 20 mPa·s）、脱水原油（80 ℃ 下黏度为 35 mPa·s）、模拟地层水、MO 聚合物、恒聚聚合物、疏水缔合型聚合物（西南 HNT275、西南 HST245、DH3 和 DH5），聚合物的基本物性参数见第 3 章表 3-1。

实验仪器：数显恒温水浴锅、LB-30 平流泵、填砂管（$\phi 2.5 \times 20$ cm、$\phi 2.5 \times 30$ cm）、六通阀、油水分离器、试管、试管架、精密天平。

5.1.1　模型管驱油实验

（1）配制总矿化度为 20 000 mg/L，Ca^{2+} 为 500 mg/L 的现场模拟水，配置方法：1 L 水中溶解 18.613 g NaCl，1.387 g NaCl。

（2）使用上述模拟水分别溶解不同类型聚合物，得到浓度为 2 000 mg/L 的不同聚合物溶液。缔合型聚合物需要加热溶解，溶解水浴温度为 40 ℃，溶解时间为 15 h 左右。

（3）使用筛选的 200 ~ 250 目细沙装填 20 或 30 cm 填砂管，使其渗透率在 1 ~ 5 μm² 左右，并将它放入恒温 80 ℃ 的水浴中（图 5-1）。

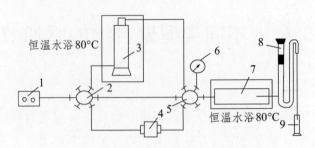

图 5-1　填砂管驱油模型的实验流程

1—平流泵；2，5—六通阀；3—原油罐；4—聚合物罐；6—精密压力表；
7—填砂管；8—油水分离器；9—量筒

（4）打开平流泵和原油罐，使原油罐处于 80 ℃ 的恒温水浴中，对填砂管进行饱和原油，至累计出液中油的含量为 3 ~ 4 mL 结束。

（5）饱和完原油后，将填砂管密封好，继续放在 80 ℃ 水浴中进行老化，老化时间约为 14 小时。

（6）用配制的模拟水进行驱替实验，每当出液量达到 5 mL 时记录一次累计出油体积，直到单次出液的含水率达到 98% 以上。

（7）暂停水驱，按照图 4-1 所示，连上聚合物罐，向填砂管中注入 0.3 VP 的聚合物，之后再去掉聚合物罐进行后续水驱，记录数据方法同上。

5.1.2　微观可视化驱油实验

微观可视化实验所使用的模型为平板玻璃刻蚀模型（1×1 cm），见图 5-2。孔隙直径为 50 ~ 200 μm。首先使用注射器注入脱水原油，再用聚合物驱替，驱替排量为 0.05 mL/min。实验过程录像、拍照。

图 5-2 玻璃刻蚀模型（5×5 cm）

5.2 结果及分析

5.2.1 有效黏度与采收率关系研究

使用填砂管模型模拟油藏条件，不同聚合物的驱油实验所得出的结果见图 5-3 至图 5-8。

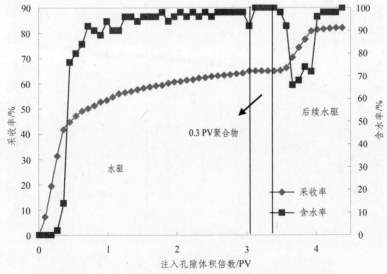

图 5-3 MO 驱的含水率和采收率与注入量的关系

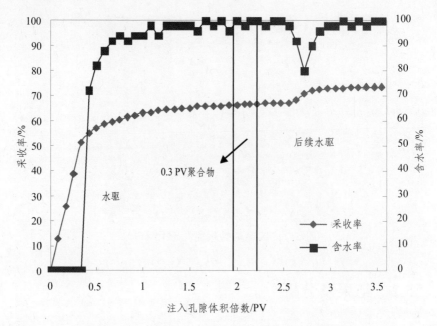

图 5-4 恒聚驱的含水率和采收率与注入量的关系

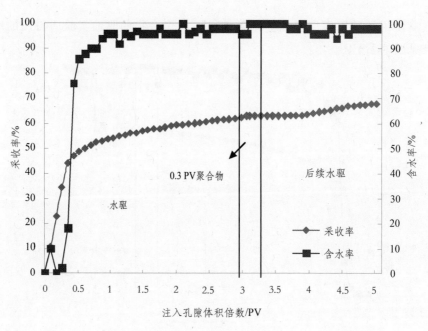

图 5-5 西南 HST245 驱的含水率和采收率与注入量的关系

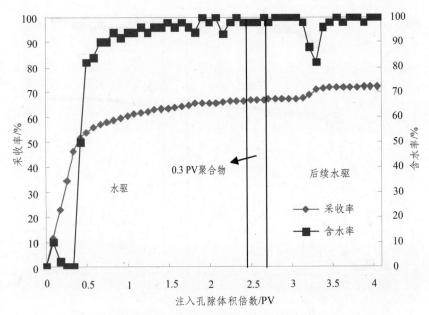

图 5-6　西南 HNT275 驱的含水率和采收率与注入量的关系

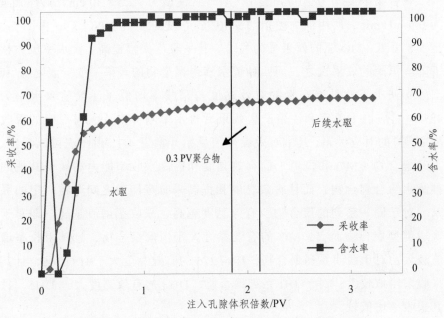

图 5-7　DH3 驱的含水率和采收率与注入量的关系

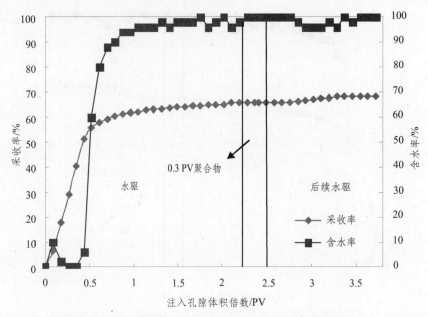

图 5-8　DH5 驱的含水率和采收率与注入量的关系

　　聚合物浓度均为 2 000 mg/L，填砂管模型为 $\phi 2.5 \times 30$ cm，驱替流量为 0.5 mL/min，所用油为模拟油（80 °C 下黏度为 20 mPa·s）。由图 5-3 至 5-8 可见，MO 驱的效果最为显著，其采收率大幅提高，含水率也大幅下降。恒聚的效果次之，而四种疏水缔合聚合物的效果一般。表 5-1 和图 5-9 列出了六种聚合物的有效黏度与采收率增值（注聚前含水率为 98%时对应的采收率和注聚产生效果后含水率刚升为 98%时对应的采收率之差）的对应关系，其中有效黏度值见第 4 章表 4-1。由图表可以看出，普通聚合物（MO 和恒聚）的有效黏度和提高采收率能力均高于其他四种疏水缔合聚合物，而且有效黏度和提高采收率能力之间存在一定的联系。对于同一系列的聚合物，有效黏度越高，采收率增值越高。即对于普通类型聚合物而言，MO 的有效黏度大于恒聚聚合物，且其采收率增值较大；对于西南系列聚合物，HNT275 的有效黏度大于 HST245，且其采收率增值较大；对于 DH 系列聚合物，DH3 的有效黏度大于 DH5，且其采收率增值较大。

表 5-1　驱油实验汇总表

聚合物	表观黏度 /mPa·s	有效黏度 /mPa·s	水驱采收率 /%	最终采收率 /%	采收率增值 /%
MO	19.8	4.09	64.0	81.59	17.59
恒聚	19.7	1.71	66.4	73.32	6.92
HST245	>100	0.79	62.1	65.67	3.57
HNT275	92.9	0.95	66.5	71.85	5.35
DH3	>100	1.31	64.0	66.83	2.83
DH5	>100	0.84	65.7	68.20	2.50

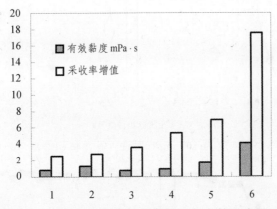

图 5-9　不同聚合物的采收率增值与有效黏度关系

　　相对于普通聚合物，疏水缔合型聚合物更容易在多孔介质中发生吸附、捕集、滞留，渗透率降低程度越高，表明聚合物分子的吸附滞留损失越大，孔隙介质中可运移的聚合物溶液的浓度将越低，黏度也将越低，这将引起波及范围的减小，因此，就驱油而言，疏水缔合聚合物的驱油效果并不一定优于普通聚合物。

5.2.2　缔合型聚合物的浓度与采收率关系分析

　　对于疏水缔合型聚合物 HNT275，研究了聚合物浓度与提高采收率能力的关系，实验采用的模型为 $\phi 2.5 \times 20$ cm，驱替流量为 0.5 mL/min，所用油为模拟油（80 ℃下黏度为 20 mPa·s）。聚合物浓度从 500 ~ 2 500 mg/L，500 mg/L 为一跨度。图 5-10 至图 5-14 分别为不同聚合物浓度时，注入孔隙体积倍数与采收率关系曲线。

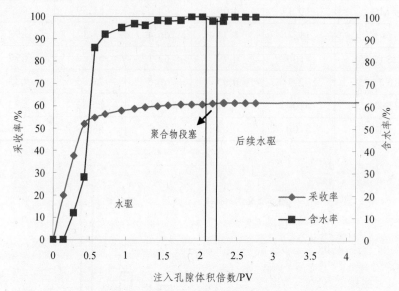

图 5-10　聚合物浓度为 500 mg/L 时注入孔隙体积倍数与采收率关系

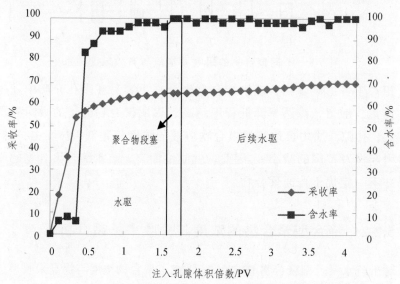

图 5-11　聚合物浓度 1 000 mg/L 时注入孔隙体积倍数与采收率关系

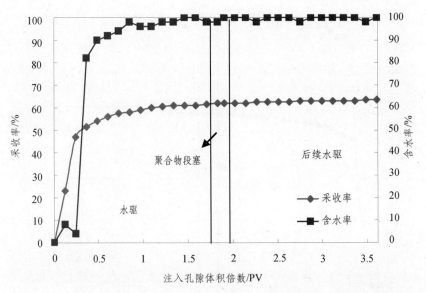

图 5-12　聚合物浓度为 1 500 mg/L 时注入孔隙体积倍数与采收率关系

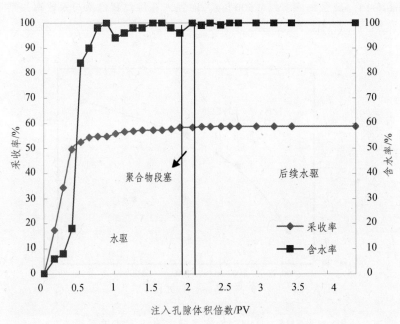

图 5-13　聚合物浓度为 2 000 mg/L 时注入孔隙体积倍数与采收率关系

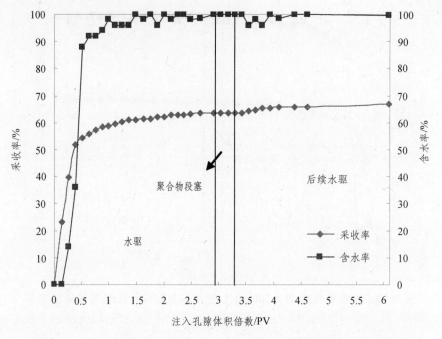

图 5-14　聚合物浓度为 2 500 mg/L 时注入孔隙体积倍数与采收率关系

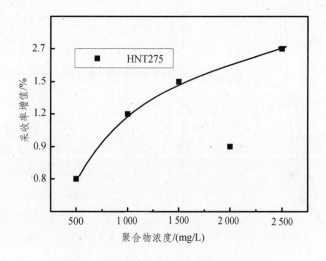

图 5-15　HNT275 浓度与采收率增值关系

HNT275 浓度与采收率增值的关系见图 5-15，基本趋势为聚合物浓度越高，采收率增值越高。但是 HNT275 提高采收率的能力很低，即使浓度高达 2 500 mg/L 时，采收率增值才仅有 2.96%。

5.2.3　渗透率及级差对驱油效果的影响

本节重点考察了恒聚与 DH5 的驱油实验，实验采用的模型为 $\phi 2.5 \times 20$ cm，驱替流量为 0.23 mL/min，所用油为脱水原油（80 ℃ 下黏度为 35 mPa·s）。两种聚合物在均质模型中的采油曲线见图 5-16 至图 5-25。

在渗透率在 0.5、1、1.5、2.5、3 的跨度下完成驱油实现 10 组，驱油曲线图 5-16 至图 5-25，驱油数据见表 5-2，渗透率与驱油效率的关系见图 5-26。渗透率为 1 μm² 左右时，DH5 的提高采收率能力（22.17%）与恒聚（22.58%）最为接近，但还是略低于恒聚，在本实验的其他渗透率条件下（0.5 ~ 3 μm²），恒聚的提高采收率能力均比 DH5 高。

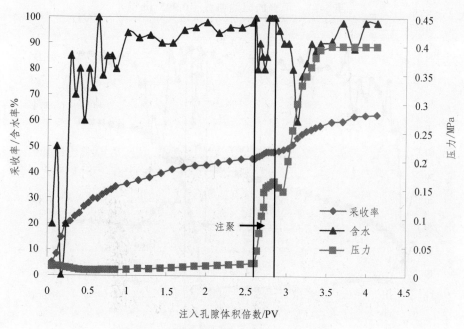

图 5-16　恒聚的驱油曲线（0.503 μm²）

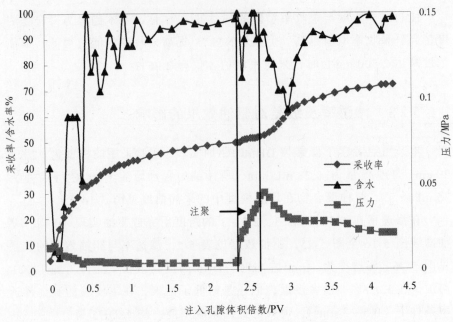

图 5-17 恒聚的驱油曲线（ 0.905 μm² ）

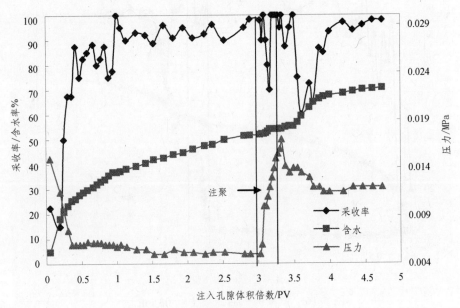

图 5-18 恒聚的驱油曲线（ 1.697 μm² ）

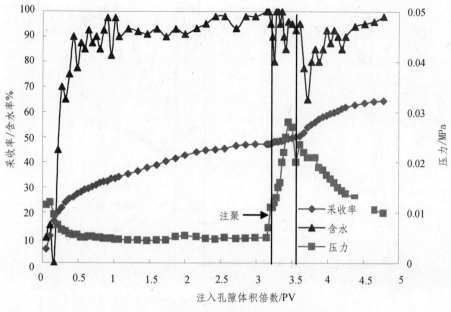

图 5-19　恒聚的驱油曲线（2.425 μm²）

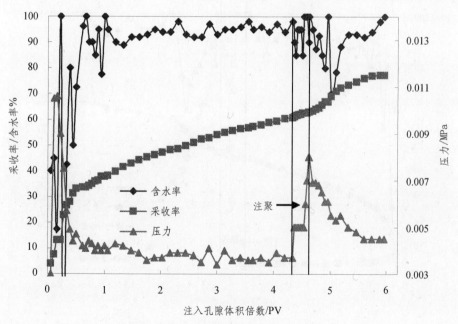

图 5-20　恒聚的驱油曲线（3.017 μm²）

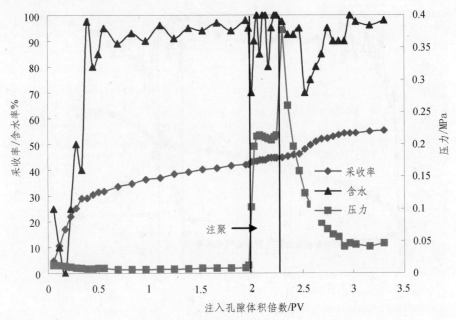

图 5-21　DH5 的驱油曲线（0.543 μm²）

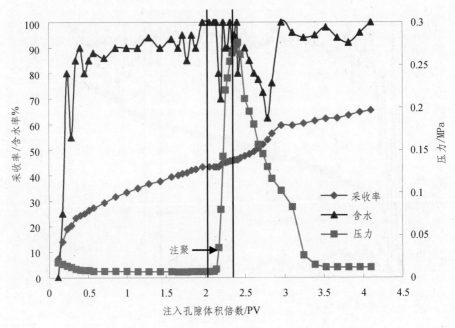

图 5-22　DH5 的驱油曲线（0.970 μm²）

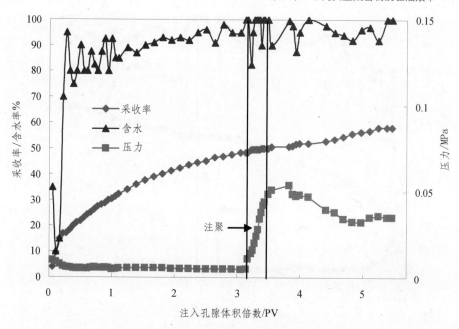

图 5-23　DH5 的驱油曲线（1.835 μm²）

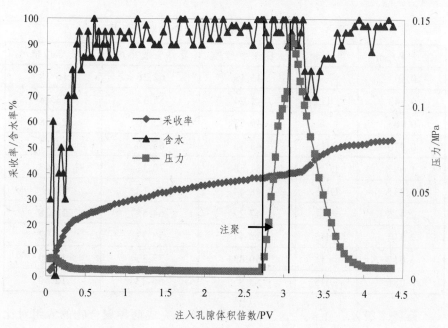

图 5-24　DH5 的驱油曲线（2.514 μm²）

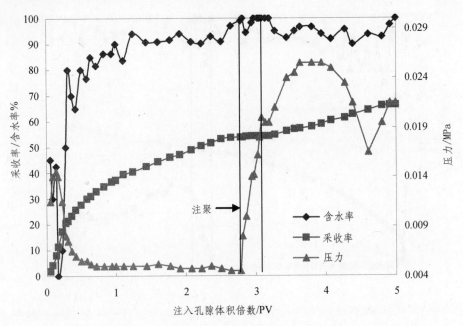

图 5-25　DH5 的驱油曲线（3.086 μm²）

表 5-2　均质模型下两种聚合物的驱油结果

渗透率/μm²	聚合物	水驱采收率/%	最终采收率/%	采收率增值/%
0.503	恒聚	45.48	62.26	16.78
0.543	DH5	41.94	55.32	13.38
0.905	恒聚	49.52	72.10	22.58
0.970	DH5	43.33	65.50	22.17
1.697	恒聚	51.88	70.31	18.43
1.835	DH5	48.44	58.13	9.69
2.425	恒聚	47.27	64.55	17.28
2.514	DH5	38.41	53.33	14.92
3.017	恒聚	60.83	77.33	16.50
3.086	DH5	53.83	66.33	12.50

　　渗透率级差在 1.8、2.8、4.8 的条件下，完成两种聚合物的 6 组对比驱油实验。高低渗两管的综合驱油曲线见分别见图 5-27 至图 5-32，驱油

数据见表 5-3。渗透率级差在 2.8 左右时，DH5 的提高采收率能力（23.81%）高于恒聚（15.77%），渗透率级差在 1.8 或者 4.8 时，恒聚的提高采收率能力高于 DH5。渗透率级差较小（1.8）时，与均质条件类似，由于 DH5 的滞留损失导致有效黏度较小，驱油效率不高。渗透率级差过大时，聚合物及后续水驱更易从高渗管通过，较少的波及到低渗管中剩余油。该部分研究成果已经整理成论文在《Oil & Gas Science & Technology》期刊发表[83]。

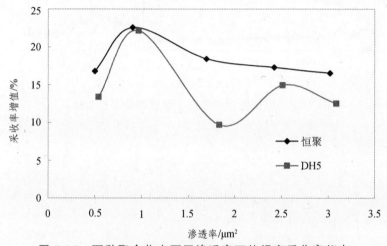

图 5-26　两种聚合物在不同渗透率下的提高采收率能力

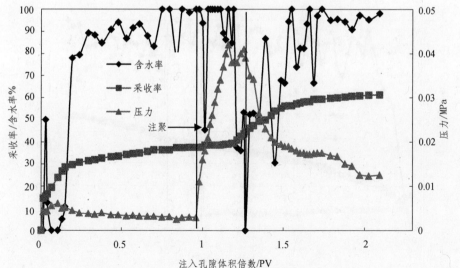

图 5-27　DH5 的驱油曲线（渗透率级差：2.79）

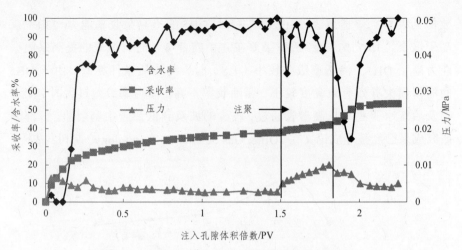

图 5-28　恒聚的驱油曲线（渗透率级差：2.90）

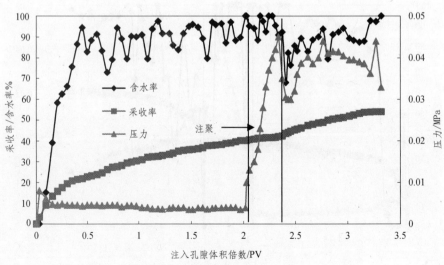

图 5-29　DH5 的驱油曲线（渗透率级差：1.79）

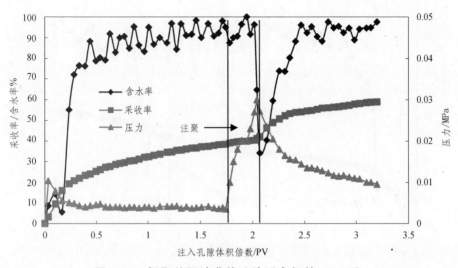

图 5-30　恒聚的驱油曲线（渗透率级差：1.83）

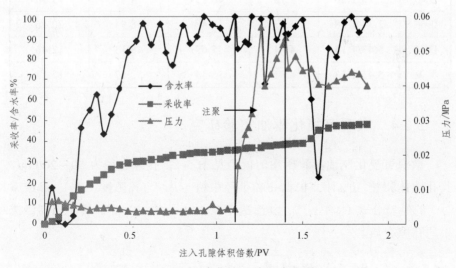

图 5-31　DH5 的驱油曲线（渗透率级差：4.81）

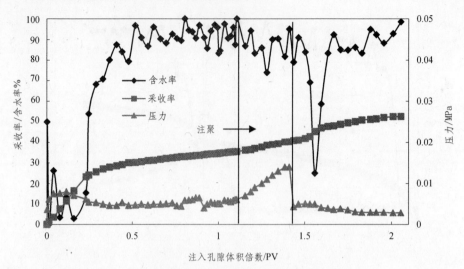

图 5-32　恒聚的驱油曲线（渗透率级差：4.81）

表 5-3　非均质条件下两种聚合物的驱油结果

聚合物	渗透率/μm²	渗透率级差	水驱采收率/%	最终采收率/%	采收率增值/%
DH5	3.57/1.28	2.79	37.55	61.36	23.81
恒聚	3.39/1.17	2.90	37.77	53.54	15.77
DH5	2.26/1.26	1.79	40.15	54.09	13.94
恒聚	2.34/1.28	1.83	38.48	58.94	20.46
DH5	5.43/1.13	4.81	35.67	48.13	12.46
恒聚	5.43/1.13	4.81	35.44	52.57	17.13

5.2.4　微观可视化驱油实验研究

微观可视化驱油实验所用的模型见图 5-2，孔隙直径为 50～200μm。其孔隙体积按 30%计，根据孔喉半径中值（R）与孔隙度（ϕ）、渗透率（k）的经验公式（4-1）[84]，其渗透率在 22.9～366.7 μm²，属于超高渗透率的孔隙介质。

$$R = 2.86 \times 10^3 \sqrt{k/\phi}$$
（5-1）

　　使用微观可视化驱油实验可以定性的观察聚合物驱后残余油饱和度的分布情况。不同阶段下，两类聚合物的微观可视化驱油实验照片分别见图 5-33 和图 5-34。图 5-33 中 A、B、C 分别为驱替早期、中期、驱替结束时的照片。对比图 5-33C 和图 5-34C，可以发现，缔合型聚合物（DH5）驱替后的残余油饱和度明显要低于恒聚。这可能是因为实验所用的模型渗透率极高（22.9～366.7 μm²）导致的结果，结果表明，缔合型聚合物也许比较适用于渗透率极高条件下的驱油。

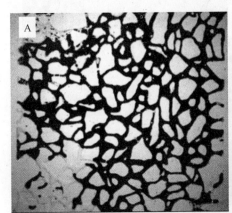
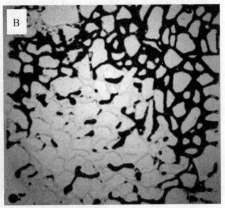

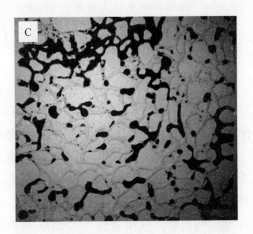

图 5-33　驱油微观驱油实验照片（恒聚）

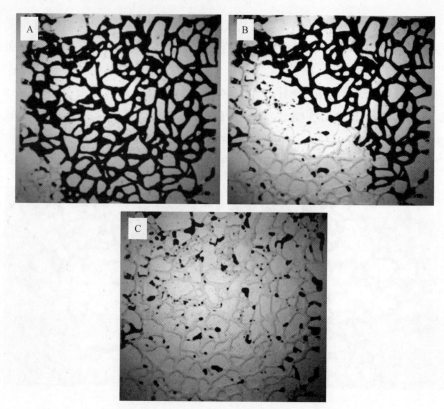

图 5-34　驱油微观驱油实验照片（DH5）

5.3　本章小结

在均质模型中，聚合物的浓度同为 2 000 mg/L 时，普通聚合物（MO 和恒聚）的提高采收率能力均高于其他 4 种疏水缔合聚合物。有效黏度与采收率增值有一定的对应关系，表现为有效黏度越高，提高采收率能力越高。对疏水缔合型聚合物 HNT275 来讲，浓度越高，提高采收率的能力越高，但是提高采收率的能力很低，即使浓度高达 2 500 mg/L 时，采收率增值才仅有 2.96%。均质模型条件下，DH5 提高采收率的能力低于恒聚，非均质条件下，渗透率级差在 2.8 左右时，DH5 的驱油能力高于恒聚，渗透率级差过大或者过小，均对 DH5 的驱油能力造成不利影响。

第6章　不同类型聚合物的微观形态分析

扫描电子显微镜（Scanning Electron Microscopy，SEM）具有放大倍数高、分辨率高、图像清晰、景深大、制样简单等特点[85]，在石油、地质等领域应用十分广泛[86-87]。其工作原理参见参考文献[88-93]。目前已有很多研究者使用电镜观察聚丙烯酰胺在溶液中的微观形态[91-93]。样品的制备方法使用液氮快速冷冻干燥技术[94-95]，即在液氮的作用下，使样品快速冷冻凝固，再将样品放入冷冻干燥机中超过 24 h。这样的制样方法可以使样品最大限度地保持原有的形貌[96]。

本章使用液氮速冷干燥制样，分别在溶液和孔隙介质中，使用 SEM 观察了普通部分水解型聚合物和缔合型聚合物的微观形貌，以期揭示两类聚合物分别在溶液和孔隙介质中性质有所差异的原因。

6.1　研究方法

1. 实验材料

普通类型聚合物：MO，疏水缔合型聚合物：HNT275（聚合物的基本物性参数见第 3 章表 3-1），液氮等。

2. 实验仪器

岩心夹持器，冷冻干燥器，日立 S4800 型扫描电子显微镜等。

3. 实验步骤

（1）样品制备方法采用液氮冷冻干燥制样法，与自然风干制样相比，可以使聚合物最大程度地保持在水溶液中的水化结构。

（2）聚合物在宏观溶液中的制样方法：使用 2-20 μL 的可调移液器，

移取约 5 μL 的聚合物溶液至新解离的云母片上，迅速倒入液氮冷冻约 30 s，再转移至-50 ℃ 的真空冷冻干燥机，抽真空冷冻干燥 12 h 以上，取出喷金镀膜。再用扫描电子显微镜（SEM）观测聚合物的水化分子线团形貌。

（3）聚合物在孔隙介质中的制样方法：在渗透率在 1 μm² 左右岩心中注入 2 PV 左右的聚合物溶液，将岩心迅速取出置于装有液氮的保温杯中，再将保温杯放到冰柜中，冷冻 24 h。再将岩心放在冷冻干燥机中冻干超过 24 h。在注入端及距离注入端 30～40 mm 的位置将岩心挤断，取出部分岩样固定喷金，置于 SEM 下观测。

6.2 结果及分析

6.2.1 聚合物在溶液中的微观形貌

图 6-1 和图 6-2 分别为 2 000 mg/L 的普通聚合物 MO 和疏水缔合聚合物 HNT275 的电镜照片（300×），在图中可以明显看出两种聚合物在盐水溶液中均能形成三维网络结构，但是 HAPAM 明显要比 HPAM 的网络结构更加致密。

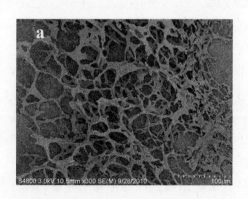

图 6-1　HPAM 的微观结构（2 000 mg/L；300×）

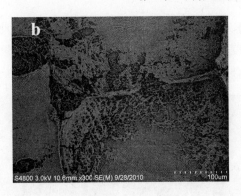

图 6-2　HAPAM 的微观结构（2 000 mg/L；300×）

为了更清晰的观测 HAPAM 的微观结构，我们将图 6-2 的局部放大到 1 500 倍（图 6-3）。从图 6-3 中可以看出，聚合物骨架之间连接有大量的丝状物，这些丝状物的截径（0.02～0.08 μm）远远小于骨架的截径（0.5～2.4 μm）。而这些丝状物在普通类型的聚合物中几乎并不存在。因此，这些丝状物应该是 HAPAM 中的疏水基团互相缔合所形成的一种特殊的结构。

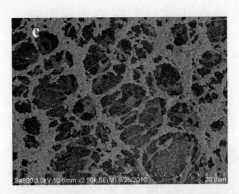

图 6-3　HAPAM 的微观结构（2000 mg/L；2500×）

我们还研究了浓度低于临界缔合浓度时，HAPAM 的微观结构。图 6-4 为浓度为 600 mg/L 时，HAPAM 的电镜照片（300×）。对比图 6-2，可以看出，当 HAPAM 的浓度低于临界缔合浓度时，聚合物形成的网络结构要疏松的多。只有在浓度高于临界缔合浓度时，聚合物骨架之间才能形成比较致密的网络结构。将图 6-4 的局部位置放大至 1 500 倍（图

6-5），对比图 6-3，骨架之间的丝状物也明显减少。因此，对于疏水缔合聚合物来讲，浓度高于临界缔合浓度时，良好的增黏效果主要来自于致密的网络结构和骨架之间的丝状物。

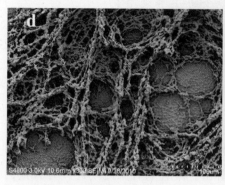 

图 6-4　HAPAM 的微观结构　　　　图 6-5　HAPAM 的微观结构
（600 mg/L；300×）　　　　　　（600 mg/L；2500×）

6.2.2　聚合物在孔隙介质中的微观形貌

两类聚合物在岩心注入端处的微观结构见图 6-6 和图 6-7，聚合物浓度为 2 000 mg/L。两种聚合物在岩心注入端处的形貌差别不大，由于注入端口处滞留量较大，浓度较高，因此聚合物基本上是成片附着在岩石表面，基本看不到网络结构。

图 6-6　HPAM 在注入端的微观结构　　图 6-7　HAPAM 在注入端的微观结构
（2 000 mg/L；300×）　　　　　　（2 000 mg/L；300×）

　　下面是在岩心中部的微观结构。为了在一个比较宽阔的视野范围内观察两类聚合物的微观结构，首先选择一个比较低的放大倍数（70×）。图 6-8 和图 6-9 分别为 HPAM 和 HAPAM 在孔隙介质中的微观结构。可以看出，两种聚合物在孔隙介质中也能形成三维网络结构，HPAM 的骨架截径分布在 0.32～6.13 μm，HAPAM 骨架截径分布在 0.31-2.67 μm，两者没有明显的区别，但是，HPAM 所形成的网络规模明显要大于 HAPAM。

图 6-8　HPAM 在孔隙介质中的微观结构（2 000 mg/L；70×）

图 6-9　HAPAM 在孔隙介质中的微观结构（2 000 mg/L；70×）

　　为了更清晰的观察聚合物的微观结构，我们将图 6-8 的局部放大，得到的照片见图 6-10，图 6-9 的局部放大图见图 6-11。可以看出，HPAM 形成的网络致密、规模大而且是连续的，而对于 HNT275，只是由数量有限的几根聚合物骨架形成规模较小且不完整的网络结构。在整个 HAPAM 的样品中，我们仅仅找到一处比较完整的网络结构（图 6-12g），然而，在相同的放大倍数下（300×），网络规模仍远小于 HPAM 形成的网络结构。该部分研究成果已经整理成论文在《Journal of Petroleum Science and Engineering》期刊发表[96]。

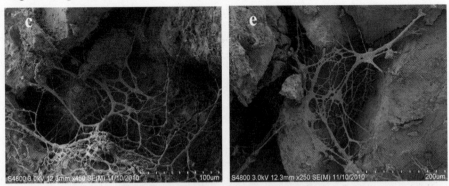

图 6-10　HPAM 在孔隙介质中的微观结构（2000 mg/L；c：450×；e：250×）

图 6-11　HAPAM 在孔隙介质中的微观结构（2 000 mg/L；d：400×；f：300×）

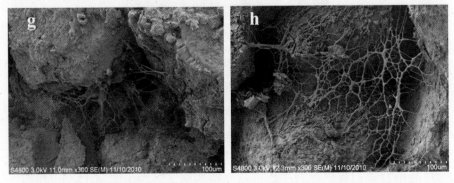

图 6-12　两种聚合物的微观结构（g：HAPAM，h：HPAM；300×）

6.3　本章小结

在溶液中,普通聚合物和疏水缔合型聚合物均能形成三维网络结构。但是疏水缔合型聚合物形成的网络更加致密,聚合物骨架之间有丝状物连接,这也是疏水缔合型聚合物在溶液中能够建立高黏度的原因。

在孔隙介质中,在岩心的中间部位,普通聚合物却能形成连续的大规模的比较致密的网络结构。疏水缔合型聚合物反而只能形成规模较小且不完整的网络结构。一方面,缔合型聚合物较大的滞留损失造成了可运移聚合物溶液浓度的降低;另一方面,狭小的空间环境对缔合结构的形成可能存在阻碍作用。这也是疏水缔合型聚合物在孔隙介质中的有效黏度低于普通聚合物的原因。

第 7 章　缔合型聚合物在孔隙介质中的性质与提高采收率能力

1. 合成出的缔合型 AM/TP/TMAEMC 三元共聚物的临界缔合浓度在 2 500 mg/L 左右，随着疏水基团含量的增加，相同浓度下，其黏度也急剧增加。矿化度在 500～1 600 mg/L，温度在 20～50 ℃ 内，随着矿化度和温度的升高，表观黏度呈上升趋势。

2. 西南 HST245、DH3 两种聚合物的黏度明显高于 MO、恒聚、西南 HNT275 和 DH5 的表观黏度。DH3 的 $C*$ 约在 900 mg/L，HST245 的 $C*$ 则在 1 000 mg/L 左右，HNT275 和 DH5 的 $C*$ 均在 1 200 mg/L 左右。

3. 虽然疏水缔合型聚合物有一定的耐温抗盐性，但是对水质的要求很高，微量的阳离子型和非离子型表面活性剂即会造成很大的黏度损失，配制水含油也会造成黏度损失。

4. 在一定的角频率下，疏水缔合型聚合物的弹性模量与普通聚合物相当。

5. 缔合型聚合物的注入压力普遍高于普通聚合物。由于疏水缔合型聚合物更易在多孔介质中发生吸附、捕集等滞留，DH5 的动态滞留量是恒聚的 2.3 倍。因此 HAPAM 的阻力系数和残余阻力系数普遍高于普通聚合物。

6. 在填砂管模型中 HPAM 的有效黏度高于 HAPAM。在人造岩心模型中，未经过滤 DH5 的有效黏度略高于恒聚，经过过滤的 DH5 的有效黏度略低于恒聚。DH5 和恒聚的有效黏度差别不大，普通聚合物的有效黏度略占优势。

7. 渗透率的降低或者注入速度的增加都会引起有效黏度的降低。

8. 普通聚合物在二氧化硅表面的吸附力在 79.5 pN 左右，对于缔合型聚合物，由于疏水基团的长短不一，导致疏水基团在二氧化硅表面的吸附力在 200 ~ 272 pN。因此，缔合型聚合物的吸附作用高于普通聚合物。

9. MS 分子模拟结果表明，缔合型聚合物的吸附能绝对值（477 eV）大于普通聚合物（420 eV），说明缔合型聚合物在二氧化硅表面的吸附更容易发生。

10. 在均质模型中，本实验条件下，普通聚合物（MO 和恒聚）的提高采收率能力均高于其他 4 种疏水缔合聚合物。

11. 有效黏度与采收率增值有一定的对应关系，表现为有效黏度越高，提高采收率能力越高。

12. 均质模型条件下，DH5 提高采收率的能力低于恒聚，非均质条件下，渗透率级差在 2.8 左右时，DH5 的驱油能力高于恒聚，渗透率级差过大或者过小，均对 DH5 的驱油能力造成不利影响。

13. 在均质模型中，缔合型聚合物与普通聚合物相比，不存在明显的优势。因为缔合型聚合物具有更强的吸附滞留能力，不可避免的造成了浓度损失，直接导致了有效黏度的降低，因此提高采收率能力低于普通聚合物。在非均质模型中，缔合型聚合物的强吸附滞留能力却可以调整层间非均质性，起到部分调剖作用，促使后续水驱液流转向，因此提高采收率能力高于普通聚合物。

14. 在溶液中，普通聚合物和疏水缔合聚合物均能形成三维网络结构。但是疏水缔合聚合物形成的网络更加致密，聚合物骨架之间有丝状物连接，这也是疏水缔合聚合物在溶液中能够建立高黏度的原因。

15. 在孔隙介质中，当聚合物运移到岩心的中间部位时，普通聚合物比疏水缔合聚合物形成的网络结构要完善。一方面，缔合聚合物较大的滞留损失造成了可运移聚合物溶液浓度的降低；另一方面，狭小的空间环境对缔合结构的形成可能存在阻碍作用。这也是疏水缔合聚合物在孔隙介质中的有效黏度低于普通聚合物的原因。

参考文献

[1] YAMAMOTO H, TOMATSU I, HASHIDZUME A, et al. Associative properties in water of copolymers of sodium 2-(acrylamido)-2-methylpropanesulfonate and methacrylamides substituted with alkyl groups of varying lengths [J]. Macromolecules, 2000, 33: 7852-7861.

[2] MCCORMICK C L, ELLIOTT D L. Water-soluble copolymers: 14. Potentiometric and turbidimetric studies of water-soluble copolymers of acrylamide: comparison of carboxylated and sulfonated copolymers [J]. Macromolecules , 1986 , 19 :542-547.

[3] HUTCHINSON B H , MCCORMICK C L. Water-soluble copolymers: 15.Studies of random copolymers of acrylamide with N-substituted acrylamides by ^{13}C N.M.R [J]. Polymer, 1986, 27: 623-626.

[4] 张怀平, 许凯, 曹现福, 等. 疏水缔合水溶性聚合物聚合方法的研究进展[J]. 石油化工, 2006, 35 (7): 695-700.

[5] 朱怀江, 罗健辉, 孙尚如, 等. 两种新型驱油聚合物在多孔介质中的黏弹性[J]. 油田化学, 2006, 23 (1): 63-67.

[6] 叶仲斌, 彭杨, 施雷庭, 等. 多孔介质剪切作用对聚合物溶液黏弹性及驱油效果的影响[J]. 油气地质与采收率, 2008, 15 (5): 59-62.

[7] 徐福贵, 董晓臣. 聚丙烯酰胺疏水缔合衍生物研究进展[J]. 化学推进剂与高分子材料, 2003, 1 (2): 25-28.

[8] CANDAU F, SELB J. Hydrophobically-modified polyacrylamides prepared by micellar polymerization [J]. Advances in Colloid and Interface Science, 1999, 79(2-3): 149-172.

[9] ZHANG P, WANG Y, CHEN W, et al. Preparation and solution

characteristics of a novel hydrophobically associating terpolymer for enhanced oil recovery [J]. Journal of Solution Chemistry, 2011, 40: 447-457.

[10] 程杰成. BP16 溶液在多孔介质中的流动特性[J]. 大庆石油地质与开发，1989，8（2）：47-52.

[11] 韩显卿. 提高采收率原理[M]. 北京：石油工业出版社. 1993.

[12] 王健，罗平亚，张国庆. 疏水缔合两性聚合物 NAPs 水溶液的渗流性质[J]. 油田化学，2001，18（2）：152-154.

[13] 张超，叶仲斌，施雷庭，等. 疏水缔合聚合物建立流动阻力机理研究[J]. 中国海上油气，2007，19（4）：251-253.

[14] 叶仲斌，贾天泽，施雷庭，等. 疏水缔合聚合物的流度控制能力研究[J]. 西南石油大学学报，2007，29（5）：100-104.

[15] 张继风，叶仲斌，杨建军，等. 两种聚合物在多孔介质中的渗流特性[J]. 新疆石油地质，2004，25（6）：659-661.

[16] 欧阳坚，孙广华，王贵江，等. 耐温抗盐聚合物 TS-45 流变性及驱油效率研究[J]. 油田化学，2004，21（4）：330-332.

[17] JENCKEL E, RUMBACH B. A flew interpretation of adsorption [J]. Z. Elektro Chem, 1951, 55: 612-618.

[18] JENCKEL E, METTEGANG H E, RUMBACH B. Über die polymerisationskinetik des vinylchlorids[J]. Die Makromolekulare Chemiel, 1949, 4 (1): 15-40.

[19] 刘光全. 聚合物在黏土及钻井液固体颗粒表面的吸附[J]. 油气田环境保护，1999，9（3）：38-41.

[20] 李富生，冯玉军，郭拥军，等. 疏水改性聚丙烯酰胺在黏土表面吸附机理的研究[J]. 石油与天然气化工，2002，31（5）：263-265.

[21] ARGILLIER J F, AUDIBERT A, LECOURTIER J, et al. Solution and adsorption properties of hydrophobically associating water-soluble polyacrylamides[J]. Colloids and Surfaces A: Physicochemicala and Engineering Aspects, 1996, 113: 247-257.

[22] VOLPERT E, SELB J, CANDAU F, et al Adsorption of

hydrophobically associating polyacrylamides on clay[J]. Langmuir, 1998, 14: 1870-1879.

[23] 郭拥军，李富生，林辉，等. 水溶性疏水缔合聚合物在高岭土/水界面的吸附[J]. 应用化学，2002，19（1）：26-29.

[24] 傅鹏，周健，徐丽琴. 疏水缔合物在粘表面吸附特性的研究[J]. 内蒙古石油化工，2009，10：11-12.

[25] 朱怀江，罗健辉，杨静波，等. 疏水缔合聚合物驱油能力的三种重要影响因素[J]. 石油学报，2005，26（3）：52-55.

[26] 朱怀江，刘强，沈平平，等. 聚合物分子尺寸与油藏孔喉的配伍性[J]. 石油勘探与开发，2006，33（5）：609-613.

[27] 朱怀江，罗健辉，隋新光，等. 新型聚合物溶液的微观结构研究[J]. 石油学报，2006，27（6）：79-83.

[28] 施雷庭，叶仲斌，罗平亚，等. 疏水缔合水溶性聚合物 AP-P3 在多孔介质中的缔合行为研究[J]. 天然气勘探与开发，2004，27（4）：40-43.

[29] WANG J, DONG M. Optimum effective viscosity of polymer solution for improving heavy oil recovery[J]. Journal of Petroleum Science and Engineering, 2009, 67:155-158.

[30] 夏惠芬，王德民，刘中春，等. 黏弹性聚合物溶液提高微观驱油效率的机理研究[J]. 石油学报，2001，22（4）：60-65.

[31] HAN X Q, WANG W Y, XU Y. The vkcoelastic behavior of HPAM solutionsin porous media and it's effectson displacement efficiency[C]. SPE 30013, 1995: 597-614.

[32] WANG D M, CHENG J C, YANG Q Y, et al. Viscous-elastic polymer can increase microscale displacement efficiency in cores[C]. SPE 63227, 2000: 1-10.

[33] 夏惠芬，孔凡顺，吴军政，等. 聚合物溶液的弹性效应对驱油效率的作用[J]. 大庆石油学院学报，2004，28（6）：29-32.

[34] 夏惠芬，王德民，刘仲春，等. 黏弹性聚合物溶液提高微观驱油效率的机理研究[J]. 石油学报，2001，22（4）：60-65.

[35] 夏惠芬，王德民，侯吉瑞，等．黏弹性聚合物溶液对驱油效率的影响[J]．大庆石油学院学报，2002，26（2）：109-111.

[36] 王德民，程杰成，夏惠芬，等．黏弹性流体平行于界面的力可以提高驱油效率[J]．石油学报，2002，23（5）：48-52.

[37] 陈国，赵刚，马远乐．黏弹性聚合物驱油的数学模型[J]．清华大学学报（自然科学版），2006，46（6）：882-885.

[38] LITTMANN W．聚合物驱油[M]．杨普华，译．北京：石油工业出版社，1991.

[39] 夏惠芬，王德民，关庆杰，等．聚合物溶液的黏弹性实验[J]．大庆石油学院学报，2002，26（2）：105-108.

[40] 薛新生，郭拥军，牛双会，等．疏水缔合聚合物黏弹性研究[J]．钻井液与完井液，2005，22（3）：50-56.

[41] 王鹏飞，段 明，李富生．高分子量水溶性疏水缔合聚合物的合成条件研究[J]．应用化工，2005，34（11）：705-707.

[42] 王德民，程杰成，杨清彦．黏弹性聚合物溶液能够提高岩心的微观驱油效率[J]．石油学报，2000，21（5）：45-51.

[43] MOHAMMAD R, JUERGEN R, GUENTER P. Quantification and optimization of viscoelastic effects of polymer solutions for enhanced oil recovery[C]. SPE 24154, 1992: 521-531.

[44] 兰玉波，杨清彦，李斌会．聚合物驱波及系数和驱油效率实验研究[J]．石油学报，2006，27（1）：64-68.

[45] 刘卫东，童正新，李明远，等．化学驱油体系的油／水界面黏度[J]．油田化学，2000，17（4）：337-339.

[46] WASAN D T, GUPTA L, VORA M K. Interfacial shear viscosity at fluid-fluid interfaces [J]. AIChE J, 1971, 17 (6): 1287-1295.

[47] WASAN D.T, MOHAN V. Interfacial rheology in chemical-enhanced oil recovery systems[A]. Paper Presented at the Symp On Adavnces in Petroleum Recovery ACS, New York, 1976: Apt 4-9.

[48] 叶仲斌，张绍彬，李允，等．HPAM 与油之间的界面剪切黏度实验研究[J]．西南石油学院学报，2000，22（3）：53-56.

[49] 张鹏，王业飞，张健，等. 疏水缔合聚丙烯酰胺驱油能力的几种影响因素[J]. 油田化学，2010，27（4）：462-468.

[50] 王其伟，陈晓彦，马宝东，等. 国内外聚合物驱水质研究概述[J]. 油气地质与采收率，2002，9（5）：54-56.

[51] 唐恒志，张健，王金本，等. 绥中36—1油田注入水水质对疏水缔合聚合物溶液黏度的影响[J]. 中国海上油气，2007，19（6）：390-393.

[52] YAO F, YANG N. F, YANG L. W, et al. Synthesis of terminal olefin substituted by triphenyl [J]. Fine Chemical Intermediates, 2004, 34, 28-30.

[53] DAI Y. H, WU F. P, LI M Z, et al. Properties and influence of hydrophobically associating polyacrylamide modified with 2-phenoxylethylacrylate [J]. Frontiers of Materials Science in China, 2008, 2: 113-118.

[54] RENOUX D., SELB J, Candau F. Aqueous solution properties of hydrophobically associating copolymers [J]. Progress in Colloid & Polymer Science, 1994, 97: 213-217.

[55] Xie X. Y., HOGEN-ESCH T E. Copolymers of N, N-dimethylacrylamide and 2-(Nethylperfluorooctanesulfonamido) ethyl acrylate in aqueous media and in bulk. Synthesis and properties [J]. Macromolecules, 1996, 29: 1734-1745.

[56] ZHONG C, LUO P. Characterization, solution properties, and morphologies of a hydrophobically associating cationic terpolymer[J]. Journal of Polymer Science-B-Polymer Physics Edition, 2007, 45(7): 826-839.

[57] ZhANG P, WANG Y, YANG Y, et al. One Factor Influencing the Oil-displacement Ability of Polymer Flooding: Apparent Viscosity or Effective Viscosity in Porous Media?[J]. Petroleum Science and Technology, 2012, 30(14): 1424-1432.

[58] 叔贵欣，刘庆旺，范振忠，两性离子聚丙烯酰胺在岩心中滞留量的测定[J]. 科学技术与工程，2009，9（3）：695-696.

[59] 孔柏岭，唐金星，谢峰，聚合物在多孔介质中水动力学滞留研究 [J]．石油勘探与开发，1998，25（2）：68-70.

[60] GUPTA R. K, SRIDHAR T. Viscoelastic Effects in Non-Newtonian Flows through Porous Media[J]. Rheologial Acta 1985, 24: 148-151.

[61] GHONIEM S. A. A. Extentional Flow of Polymer Solutions through Porous Media[J]. Rheologial Acta, 1985, 24: 588-595.

[62] HEEMSKERK J, TEEUW D. Quantification of Viscoelastic Effects of Polyacrylamide Solutions[C]. SPE 12652, 1984: 223-231.

[63] SERIGHT R S. The Effects of Mechanical Degradation and Viscoelastic Behavior on Injectivity of Polyacrylamide Solutions[J]. SPE Journal. 1983, June: 475-485.

[64] 陈铁龙，蒲万芬，彭克宗，叶仲斌，聚丙烯酰胺溶液的地下流变特征，西南石油学院学报，1997，19（3）：28-34.

[65] 黄文章，张鹏，周成裕，等．一种驱油用聚合物在多孔介质中有效黏度的测定方法[P]．中国：ZL201510255465.6，2017-09-08

[66] 张义恒，王治强，张希，分子间相互作用力的直接测量[J]．高分子学报，2009，10：973-979.

[67] RIEF M, OESTERHELT F, HEYMANN B. et al. Single Molecule Force Spectroscopy on Polysaccharides by Atomic Force Microscopy [J]. Science, 1997, 275: 1295-1297.

[68] RIEF M, GAUTEL M, OESTERHELT F, et al. Reversible unfolding of individual titin immunoglobulin domains by AFM [J]. Science, 1997, 276: 1109-1112.

[69] CLAUSEN-SCHAUMANN H, SEITZ M, Krautbauer R, et al. Force spectroscopy with single bio-molecules[J]. Current Opinion in Chemical Biology, 2000, 4: 524-530.

[70] JANSHOFF A, NEITZERT M, OBERDORFER Y, et al. Force spectroscopy of molecular systems-Single molecule spectros-copy of polymers and biomolecules[J]. Angewandte Chemie International Edition, 2000, 39: 3213-3237.

[71] SENDEN T J. Force microscopy and surface interactions [J]. Current Opinion in Colloid and Interface Science, 2001, 6: 95-101.

[72] BEST R B, CLARKE J. What can atomic force microscopy tell us about protein folding?[J]. Chemical Communications. 2002, 3: 183-192.

[73] SUN W, LONG J, XU Z, et al. Study of Al(OH)$_3$-Polyacrylamide-Induced Pelleting Flocculation by Single Molecule Force Spectroscopy, Langmuir, 2008, 24: 14015-14021.

[74] ZHANG P, HUANG W, JIA Z, et al. Conformation and adsorption behavior of associative polymer for enhanced oil recovery using single molecule force spectroscopy[J]. Journal of Polymer Research, 2014, 21(8): 523.

[75] KHALED K F, ABDEL-SHAFI N S, EL-MAGHRABY A A, et al. Alanine as Corrosion Inhibitor for Iron in Acid Medium: A Molecular Level Study [J]. International Journal of Electrochemical Science, 2012, 7: 12706-12719.

[76] NGAOJAMPAA C, NIMMANPIPUGA P, YUB L, et al. Molecular simulations of ultra-low-energy nitrogen ion bombardment of A-DNA in vacuum [J]. Journal of Molecular Graphics and Modelling, 2010, 28(6): 533-539.

[77] MUSA A Y, JALGHAMB R T T, MOHAMAD A B, Molecular dynamic and quantum chemical calculations for phthalazine derivatives as corrosion inhibitors of mild steel in 1 M HCl [J]. Corrosion Science, 2012, 56: 176-183.

[78] MARINA M. SAFONT-SEMPERE, STEPANENKO V, et al. Impact of core chirality on mesophase properties of perylene bisimides [J]. Journal of Materials Chemistry, 2011, 21: 7201-7209.

[79] FILIP X, BORODI G, FILIP C, Testing the limits of sensitivity in a solid-state structural investigation by combined X-ray powder diffraction, solid-state NMR , and molecular modeling [J]. Physical

Chemistry Chemical Physics, 2011, 13: 17978-17986.

[80] SHI M X, LI Q M, HUANG Y, Internal resonance of vibrational modes in single-walled carbon nanotubes [J]. The Proceedings of the Royal Society of London, 2009, 465: 3069-3082.

[81] LUNEAUA D, BORTAA A, CHUMAKOVA Y, et al. Molecular magnets based on two-dimensional Mn(II)–nitronyl nitroxide frameworks in layered structures [J]. Inorganica Chimica Acta, 2008, 361: 3669-3676.

[82] FRAZÃO N F, ALBUQUERQUE E L, FULCO U L, et al. Four-level levodopa adsorption on C_{60} fullerene for transdermal and oral administration: a computational study [J]. RSC Advances, 2012, 2: 8306-8322.

[83] ZHANG P, WANG Y, YANG Y, et al. Effective Viscosity in Porous Media and Applicable Limitations for Polymer Flooding of an Associative Polymer[J]. Oil & Gas Science & Technology, 2015, 70(6): 931-939.

[84] 洪世铎. 油藏物理基础[M]. 北京：石油工业出版社，1985.

[85] 于丽芳，杨志军，周永章，等. 扫描电镜和环境扫描电镜在地学领域的应用综述[J]. 中山大学研究生学刊（自然科学、医学版），2008，29（1）：54-61.

[86] 王宝峰，赵忠扬，环境扫描电镜及其在石油科技中的应用[J]. 油田化学，1999，16（3）：278-282.

[87] 张汝藩，扫描电镜-微观地质学研究的深入进展[J]. 电子显微学报，1995，15（6）：545-545.

[88] 廖乾初，兰芬兰，扫描电镜原理及应用技术[M]. 北京：冶金工业出版社，1990.

[89] 廖乾初，扫描电镜科学技术和应用的进展[J]. 物理，1993，22（3）：165-170.

[90] 朱祖福，沈锦德，许志义，陆国辉，庄殿骝，电子显微镜[M]. 北京：机械工业出版社，1984.

[91] FENG Y J, LUO P Y, LUO, C Q, et al. Direct visualization of

microstructures in hydrophobically modified polyacrylamide aqueous solution by environmental scanning electron microscopy[J]. Polymer International, 2002, 51: 931-938.

[92] ZHONG C R, LUO P Y, JIANG L F, SEM Morphologies of a Water-Soluble Terpolymer with Vinyl Biphenyl in Aqueous and Brine Solutions[J]. Journal of Solution Chemistry, 2010, 39: 355-369.

[93] MERLIN D L, SIVASANKAR B, Synthesis and characterization of semi-interpenetrating polymer networks using biocompatible polyurethane and acrylamide monomer [J]. European Polymer Journal, 2009, 45: 165-170.

[94] GAN K H, BRUTTINI R, CROSSER O K, Freeze-drying of pharmaceuticals in vials on trays: effects of drying chamber wall temperature and tray side on lyophilization performance[J]. International Journal of Heat and Mass Transfer, 2005, 48: 1675-1687.

[95] HAN Y, QUAN G B, LIU X Z, Improved preservation of human red blood cells by lyophilization [J]. Cryobiology, 2005, 51: 152-164.

[96] ZHANG P, WANG Y F, YANG Y, The effect of microstructure on performance of associative polymer: In solution and porous media[J]. Journal of Petroleum Science and Engineering, 2012, 90-91: 12-17.

致　谢

    本书的研究工作是在我的导师王业飞教授的悉心指导下完成的。导师博大精深的学术造诣，严谨的治学态度，勤奋务实、孜孜以求的工作作风和开拓创新的精神，使我受终身受益，且必将指导我今后的工作和学习。三年来，导师从生活、学习、为人等方面都给予我无微不至的关怀和指导。在此谨向我的导师表示最衷心的感谢！

    在本书的写作过程中还得到课题组任熵等老师的指导，同门师兄弟姐妹的帮助。此外，本书还得到了石油工程学院、化学化工学院、理学院的老师及同学大力支持，于此，向这些帮助过我的人一并表示衷心的感谢！

    感谢家人的帮助和理解，感谢中国石油大学对我的培养！